ZHIHUI YUANQU YINGYONG YU FAZHAN

智慧园区
应用与发展

《智慧园区应用与发展》编写组

下册

中国电力出版社
CHINA ELECTRIC POWER PRESS

图书在版编目（CIP）数据

智慧园区应用与发展：全 2 册 /《智慧园区应用与发展》编写组编著 . —北京：中国电力出版社，
2020.11

ISBN 978-7-5198-4982-5

Ⅰ . ①智⋯ Ⅱ . ①智⋯ Ⅲ . ①工业园区–城市规划–研究–中国 Ⅳ . ①TU984.13

中国版本图书馆 CIP 数据核字（2020）第 178463 号

出版发行：中国电力出版社
地　　址：北京市东城区北京站西街 19 号（邮政编码 100005）
网　　址：http://www.cepp.sgcc.com.cn
责任编辑：王晓蕾（010-63412610）
责任校对：黄　蓓　郝军燕　李　楠
装帧设计：张俊霞
责任印制：杨晓东

印　　刷：北京雁林吉兆印刷有限公司
版　　次：2020 年 11 月第一版
印　　次：2020 年 11 月北京第一次印刷
开　　本：787 毫米×1092 毫米　16 开本
印　　张：40.75
字　　数：800 千字
定　　价：168.00 元（上、下册）

《智慧园区应用与发展》编委会

《智慧园区应用与发展》编写组

主　　编　方东平

副　主　编　张新长　陈向东　党安荣　杨富春　曾立民　李　楠
　　　　　　李　洁

编写组成员（按姓氏拼音首字母排序）

蔡莎秀	曹菲菲	常向魁	陈大萍	陈功文	陈洁玙	陈宇龙	陈　振
崔海龙	丁　刚	丁鹏辉	丁燕杰	古博韬	顾　娟	顾旭光	韩雯雯
胡柏耀	黄　鸿	黄　俭	黄　炜	黄勇坚	黄圆圆	黄　朕	纪丽萍
姜欣飞	焦若琳	金国庆	金石成	景洁丽	康　娜	兰　林	黎　阳
李　晨	李道强	李公立	李洪艳	李君兰	李培宏	李　萍	李瑞杰
李田尧	李维佳	李晓萍	李玉琳	李月东	李　悦	李振军	李竹青
梁　慧	林　刚	林晓明	刘国强	刘激扬	刘晓莉	刘寅虎	刘智明
卢书宝	罗　康	吕大霖	马　可	马　伟	闵　康	彭　琛	彭海星
齐共同	饶真瑜	任　勇	史登连	史飞剑	苏家兴	孙　浩	孙九成
孙鹏辉	孙荣荣	孙晓亭	邰鑫月	田建方	田远东	佟庆彬	汪鑫远
王大昊	王　丹	王东伟	王飞飞	王海银	王海鹰	王剑涛	王　俊
王俊卿	王可煜	王良源	王妮坤	王　伟	王雯翡	王晓军	王尧杰
卫　文	魏乐霞	魏　亮	邬文达	吴品堃	伍小虎	席宏达	肖　扬
谢芸芸	邢　洁	许　斌	许　焰	严旌毓	阎力圆	杨　康	姚　莉
余　强	余铁桥	袁　雪	翟胜军	张国强	张海啸	张宏文	张　甲
张金文	张金源	张　婧	张　俊	张　力	张利华	张觅嫒	张　培
张　维	张　勇	张志华	赵　虎	赵　华	赵志鹏	郑丰收	郑国江
郑锡村	郑　英	周立宁	周敏忠	周　强	周圣川	周　诗	朱正修
朱志斌	庄　娉	邹卫明					

序　一

改革开放 40 多年，各行各业迅速发展。中国园区经济形态经历了以粗放型、土地开发、租售为主的工业园区 1.0 时代，到开始注重园区服务的 2.0 时代；随着移动互联网、物联网等技术的发展，园区逐渐进入信息化的 3.0 时代，比如逐步实现了园区信息化的管理模式等；伴随着 5G、人工智能等技术以及智慧城市的发展，"智慧园区" 4.0 时代，不久的将来即会到来。

按照中央关于加快 5G 网络建设及新型基础设施建设部署要求，发力新基建、培育新动能，让科技成为经济发展动力。在园区领域，智慧化建设成为热潮。在数字新基建的发展浪潮中，网络化、智能化已经成为帮助企业降本增效和塑造企业竞争力的重要举措。在智慧园区 4.0 时代，5G、大数据、人工智能、物联网等高新技术手段应用于智慧园区领域，帮助园区和写字楼实现更好的管理和运营。

随着去年 6 月 5G 商用牌照的发放，各大运营商都在加大 5G 基站的建设，我们马上就会迎来全民 5G 时代。《2019 百度两会指数报告》显示，热点话题 TOP10 中位列第一的就是 "5G"，资讯指数达 4269 万。智慧园区行业已经实现了园区 VR 全景直播、VR 看房以及 AR 导览和展示、机器人自动巡检以及机器人智能导航、巡逻、检测等，为园区写字楼带来更多智慧化的体验和服务。

高新技术的发展促进了智慧园区发展，然而在实际的智慧园区发展过程中，还处于 3.0 到 4.0 阶段的过渡中，目前园区信息化主要存在以下问题：

一是系统隔离。园区进入 3.0 阶段后，各个园区逐渐搭建了物业、财务、停车等系统，但是各个厂家互不联通、互相隔离，导致管理和使用都更不方便。

二是人员疏离。很多传统的园区管理者对于园区企业、面积、租金等了如指掌，但是却很少有人知道园区内人的情况，90%的人其 90%的时间都在园区内度过，这里面有大量衣食住行的需求可以挖掘，园区管理者却因为缺乏对人的连接无法形成更好的服务。

三是数据分散。各系统数据分散，不能整合导致"智慧"决策的价值大打折扣。

因此，园区 4.0 时代智慧园区的核心就是广连接，首先是连接设备，如电梯、空调、闸机等；其次是连接原本独立不开放的系统，如物业、OA、停车等系统；连接系统就可以连接园区里的人，包括园区管理者、企业、员工、访客、商家甚至政府等，进而形成数据沉淀，数据又能够为企业和人的服务提供支撑，实现更优质、精准的服务，形成横向、纵向正向连接循环，实现真正全连接的智慧园区。要实现全连接，需要 5G、物联网等技术的成熟。智慧园区的统一管理和控制服务依托于园区高密度大规模部署的传感设备、安防监控设备、智能办公设备、工厂智能装备等对基础信息的采集，5G 的万物互联特点可以实现高密度的设备接入，让万物互联成为可能。

《智慧园区应用与发展》报告在此背景中应运而生。从智慧园区发展新范式、智慧园区的规划、建设、运营、智能设施、产业服务、园区大脑、创新应用等角度对智慧园区发展进行研究。

报告聚合行业各方面专业力量，总结了智慧园区应用的现状、短板和方向，为我国智慧园区行业发展贡献智慧和经验，对智慧园区的发展具有示范和促进作用。

展望未来，智慧园区的应用与发展可以从以下两方面来驱动：

第一，建设统一的园区运营管理平台。在信息化时代，园区设计的子系统和硬件多，大部分都是由不同厂商提供的。智慧园区时代来临，需要统一的平台能够把这些独立不开放的硬件和子系统连接起来。否则，只是一个个快速、好用的独立系统而已，无法形成合力的智慧运营管理，各个系统之间的数据壁垒反而会成为智慧化的阻碍。

第二，加强信息安全建设。智慧化功能的实现需要采集大量的个人信息，例如人脸和指纹等信息。此外，各个园区、企业的大量数据信息也极具机密性。应该从技术和法律双重入手，让技术成为园区相关信息安全的堡垒，用法律为园区信息安全保驾护航。

智慧化是园区发展的必然趋势，智慧园区是新基建的重要内容。信息技术在园区领域的发展，是园区智慧化转型升级的动力。智慧园区的应用落地和不断发展，需要多个领域的携手共进，推动园区的建设和运营走向更智慧的未来。

中国测绘学会理事长

序 二

伴随着中国经济的腾飞，产业园区的发展已经迈过了 41 个年头，全国园区数量超过 15 000 个，对国家 GPD 的贡献超过 30%，产业园区已经成为中国经济发展的重要驱动力。当前，新一轮科技革命和产业变革正在加速拓展，产业园区也因此进入了新的发展阶段。以科技创新为增长动力源泉，构建可持续发展的"智慧园区"，正迅速成为园区发展的新趋势。

智慧园区作为信息化、工业化、新型城镇化发展融合的产物，具备智能感知与控制、高效互联互通、资源全面整合共享、多方高效协作、科学分析决策等特征。相较于传统园区，智慧园区通过云计算、物联网、人工智能等技术的集中应用，将园区的各组分以有机体的形式加以整合，使得园区运行效率达到最优化状态。未来，基于数字孪生的智慧园区有望进一步提升园区的感知能力、数据融合能力、规律洞察能力、仿真推演能力，将智慧园区发展为虚实交融的数字孪生园区双体，从而将智慧园区的发展带到新的高度。

为了促进园区的智慧化发展，由中国测绘学会、清华大学和广联达科技股份有限公司联合 60 余家行业领先企业，共同组织编写了这本《智慧园区应用与发展》（以下简称《报告》）。《报告》概述了物联网、测绘技术、BIM 技术、5G 技术、移动互联网技术、大数据技术、人工智能技术与区块链技术等前沿技术的特点，讨论了各类技术在智慧园区建设方面的潜在应用价值；与此同时，《报告》还搜集和梳理了大量国内外智慧园区案例，涵盖园区建设、运营管理、智能化设施、智慧服务、园区大脑等丰富的业务场景，既展示了数字化技术在助力园区智慧化方面所能发挥的巨大价值，也探讨了相关技术在落地应用过程中可能面临的各类挑战。

总体而言，智慧园区行业当前仍处于起步阶段。考虑到智慧园区所具有的复杂物理、信息和社会属性，在推进智慧园区发展的道路上仍有大量问题和挑战有待在研究和实践中去进一步探索。《报告》汇集了该领域最前沿和最具代表性的有关成果，希望能借此引发全行业的讨论，为智慧园区未来发展方向和路径提出新的思路，进而促进智慧园区及相关产业进一步蓬勃发展。

清华大学土木水利学院院长 方东平

序　三

随着我国改革开放四十年的经济发展，产业园区作为区域经济发展重要载体，经历了诞生、成长、成熟的过程。如今，产业园区已经成为我国经济发展的重要引擎、我国新型城镇化建设的重要路径、我国参与国际经济竞争的主战场。

目前我国经济进入新的发展阶段，产业园区在集聚产业、推动经济发展的同时，也面临着转型升级的压力。首先，"新经济"要求园区建设发展模式改变，从传统的粗放式开发建设逐步向科学规划、高质建设、精细治理与服务全过程升级；其次，"新环境"带来园区企业、人员等消费结构升级，需求层面要求提高，需要宜业、宜居、安全、环保的园区环境；最后，"新基建"驱动 CIM、5G、AI、物联网等新一代信息技术与园区规划建设和运营管理全过程深度融合，打造园区数字化建设与管理新模式。因此，通过技术创新、数字转型、智能升级等手段，建设绿色、智能、安全的"智慧园区"成为产业园区发展新趋势。

在这样的背景下，由中国测绘学会、清华大学和广联达科技股份有限公司联合 60余家行业优秀企业，共同组织编写的《智慧园区应用与发展》（以下简称《报告》）应运而生。《报告》客观分析了我国"智慧园区"发展现状和趋势；系统提炼了基于数字孪生的智慧园区平台架构和关键技术；全面总结了涵盖园区规划、建设、运营、设施和服务全过程的智慧化应用；并收集整理了"智慧园区"的典型案例和最佳实践。《报告》为智慧园区的实施与建设提供了系统性的方法和实践指导，对园区建设与管理者是一本不可多得的工具书。

令人印象深刻的是，《报告》首次提出了"基于数字孪生的智慧园区"。一方面提炼了数字孪生的核心内涵——"三全"，全过程、全要素和全方位都需要融入数字化技术与手段。例如"全过程"代表了园区的规划、建设和管理不同阶段的智慧化应用；"全要素"代表了人、车、物、环境、能源、事件等园区管理要素升级改造；"全方位"是从园区空间与时间角度搭建数字孪生的空间底座。

另一方面提出了"数字园区"的核心特征——"三化"，数字化、在线化和智能化。从本质来讲"三化"解决了数字孪生的三个问题。一是数据统一性问题。之前的信息化系统存在多业务数据割裂与不一致性问题，通过BIM+3DGIS技术，以园区统一的参数化模型为载体，实现多源数据的汇集，解决了数据统一的问题。二是数据实时性问题。形成数据孪生需要解决数据的实时连接，基于物联网+智能设备+5G技术，实现数据实时互联，支持业务纵向打通，实现物理园区和数字园区虚实映射。三是数据可分析性问题。通过数字化模型与多源业务数据的叠加，横向打通规划、建设和管理的业务数据，形成时空大数据库，基于时空数据分析支持园区科学治理与决策。

总之，《报告》的编写对于智慧园区的发展提供了重要的参考，智慧园区必将成为产业园区转型升级的关键支撑，驱动园区管理提升至细胞级精细化管理水平，助力每个产业园区成功！

广联达科技股份有限公司董事长

目　　录

上　　册

下　　册

福州滨海新城规建管一体化平台项目实践

广联达科技股份有限公司

1 建设背景

2015 年，习近平总书记在第二届世界互联网大会上提出推进"数字中国"建设，对国家信息化发展做出新的战略部署，成为新时代推进国家信息化发展的重要指引。作为"数字中国"建设的探索源头和实践起点，20 年前"数字福建"战略的提出，深刻影响着福建发展，如今福建信息化综合指数、互联网普及率、两化融合水平、数字经济总量均居全国前列。2019 年，《国家数字经济创新发展试验区实施方案》正式发布，福建、浙江、河北（雄安新区）、广东、重庆、四川等 6 个省（市）被授予"国家数字经济创新发展试验区"。站在新时代的风口，"数字福建"建设迎来新机遇、承担新使命，数字经济发展高地和数字中国建设样板区正在东南沿海逐步成型。

作为按照"数字中国"示范区目标打造的智慧新城，福州滨海新城位于闽江口区，是国家级新区"福州新区"的核心区，规划面积 188 平方千米，其中核心区面积 86 平方千米（见图 1），规划人口 130 万。滨海新城定位福州中心城区的副中心，不仅承载着福州发展的战略重任，也承载着打造"数字福建"，乃至"数字中国"示范区重大目标，将通过信息化和数字化手段提高城市规划、建设和管理水平，助力打造智慧、绿色和韧性的智慧新城。基于此，提出以数字孪生城市为核心，通过建设规划建设管理一体化来提升滨海新城建设和管理水平的重要理念和思路，进而更好地加快"数字福建"的落地。

2 建设内容

在福州滨海新城建设过程中，通过探索城市规划建设管理一体化业务，充分应用 BIM、3DGIS、IoT、云计算和大数据等信息技术，建设了基于 CIM 的规建管一体化平台，形成统一的滨海新城信息模型，规划、建设、管理 3 个阶段的应用系统，同步形成与实体城市"孪生"的数字城市。建设内容包括基于 CIM 的规建管一体化集成平台以及城市数据和运营监测 2 个中心，实现滨海新城规建管全过程的数字资源集中管理与应用、信息互通与共享，如图 2 所示。

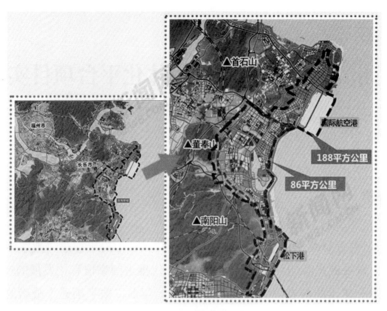

图 1   福州滨海新城

图 2   福州滨海新城规建管一体化平台

2.1   规建管一体化平台

依托城市 CIM 时空信息模型，基于规建管一体集成平台，构建了"城市规划一张图""城市建设监管一张网""城市治理一盘棋"三大生态业务，形成城市发展闭环。

"城市规划一张图"，以"规划设计"为起点，切入城市规划蓝图。通过搭建"规划业务管理系统""一张蓝图信息系统"和"地上地下规划辅助审查系统"三大业务系统，将规划、国土、环保、水利、林业、海洋渔业等部门的"一张图"集成到"一张蓝图"中，从源头确保建设项目正式审批流程前通过各类规划的符合性审查，避免产生新的矛盾，加快项目审批速度，提升效率。

"城市建设监管一张网"，以"建设过程"为主线，切入城市建设过程。通过搭建"建设工程数字化综合监管系统"对接规划数据和后续管理需求，实现项目从立项到竣工验收的全过程数字化监管，有效提升主管部门对项目的监管效能。

"城市治理一盘棋"，以"监测治理"为落点，切入城市运营管理。通过搭建"城市市政设施管理系统""城市生态环境监测""地下管网运行监测"，实时监测城市运行状态，敏捷掌控城市安全、应急、生态环境突发事件，事前控制，多级协同，将传统城市升级为可感知、可分析、虚实交互的新型智慧城市，同步将城市管理提升至"细胞级"精细化治理水平。

2.2 数据中心

以滨海新城基础地理数据为依据，基于 3D GIS 技术，建立城市三维信息模型，形成宏观的城市模型管理基础。在城市建设过程中，通过规划方案模型、施工图设计模型、竣工模型的动态更新，与基础城市模型叠加，打造动态时空信息模型，形成与实体城市同步的数字孪生城市，支撑城市管理的精细化和准确性。其次，将各类规划成果数据、规划审批数据、建设审批和监管数据、运营管理数据、物联网智能采集数据实现空间化集成，奠定微观城市模型管理基础。最后，基于时空信息模型数据库，开发数据库管理系统，保证时空信息模型的动态更新，规划阶段建立城市设计模型，建造阶段通过 BIM 模型的动态集成实现规划的校验与审核管理，竣工模型可以提供给城市运营管理阶段共享使用，并随着建设逐步更新，保证数据的及时性和各业务办理的准确性，时刻保持数据库的时效性。

2.3 运营监测中心

运营监测中心为滨海新城建设指挥部提供管理决策与辅助分析功能。基于系统平台实现规建管不同应用系统之间、不同政府部门之间的数据集成与指标分析，清晰呈现不同规划指标数据、建设工程数据监管以及城市运营运行数据状态和成果，同时基于运营监测中心可实现对各业务异常状态的预警，应急联动各部门进行相应处置。

3 应用情况

福州滨海新城规建管一体化平台完成核心区城市总规、详规、专项规划等 55 项规划成果以及 17 平方千米城市规划模型的建设入库，同时平台基于建设监管一张网实现了滨海范围内 226 个项目（动态增长）数据接入，在管理阶段实现了 400 余千米给水、雨水、污水、电力、燃气等管线三维 BIM 模型数据的建立与各类地下综合管网的运行监控。

3.1 城市规划一张图

基于"城市规划一张图"，结合"空间规划"和"规划审批"业务，目前已入库 55 项规划成果，并搭建了"规划业务管理系统""一张蓝图信息系统""地上地下规划辅助审查系统"三大业务系统（见图 3）。

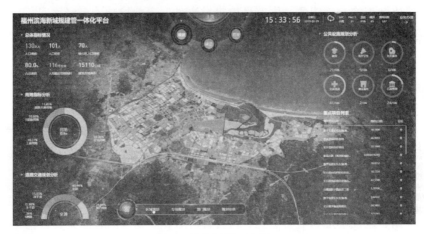

图 3　城市规划一张图

"规划业务管理系统"以规划"一书两证"业务审批、规划编制项目管理、批后监督管理、违法查处为业务核心，涵盖规划信息资源管理、规划空间信息利用、文档管理、行政办公等内容。

"一张蓝图信息系统"将自然资源等部门的空间规划和审批数据集成到"一张蓝图"中，实现了规划一张蓝图辅助决策，可实现规划成果在线展示、辅助项目选址及冲突分析，保证规划数据落地，提升规划管控能力，解决空间规划冲突，推演城市的发展。

"地上地下规划辅助审查系统"以城市信息模型为基础，为地上建筑设计方案审查以及地下管线的管理分析提供推演和模拟平台，便于直观了解城市景观布局、地下空间现状、规划方案与山水景观的协调性，让方案更科学，助力提升滨海新城总体规划管理水平。

3.2 城市建设监管一张网

基于"城市建设监管一张网"实现了滨海范围内 236 个项目（动态增大）数据接入，通过"福建省住建厅建设监管数据的汇聚""建设项目管理业务系统的运行""工程现场物联网设备的接入"，积累了福州滨海新城"建设监管"大数据，实现了建设监管部门对项目建设信息、质量安全、工程进度、竣工验收等四大核心业务的全过程在线监管（见图4）。

系统以三维一张图为手段，清晰动态呈现各项目分布及实时进展情况；以建设项目为主线集成与整合省住建厅各系统数据，解决了过去项目信息分散在政府各部门带来的孤立与割裂问题，快捷掌握项目选址、用地规划许可、发改立项、建设工程规划许可、设计方案审查、招投标、施工许可、劳务、质量安全监管、工地视频监控、环境及扬尘、进度、竣工验收等项目全过程信息，掌控项目现状，提升项目管理水平。

通过"建设工程数字化综合监管系统"，辅助滨海新城建设主管部门实现了对建设工程项目从施工许可证到竣工备案的全过程数字化监管与业务办理，推动行业管理从粗放型监管向效能监管、规范监管和联动监管转变。

图4　城市建设监管一张网

3.3　城市治理一盘棋

目前基于"城市治理一盘棋"的城市运营监管应用系统主要实现了三大核心应用：一是基于智能物联感知系统的市政部件设施运行状态监测，接入燃气、给水、照明等市政设施的IoT监测设备，可对压力、流量、液位、电流、电压等进行在线监测和自动报警，通过可视化的数据分析与事件联动，可提高城市管理部门对设施部件运行状态的监测与突发事件处置能力；二是城市生态环境的指标监测（水质、空气质量、噪声），有效建立城市环境监测网络和水环境预警监测体系，辅助打造绿色、生态和宜居的城市生态环境；三是城市生命线的运行监测，特别是基于三维地下管网数据（滨海范围内336余千米的管线普查成果入库工作，完成了给水、雨水、排水、电力、燃气等5大类管线BIM建模工作），可为城市的破路工程、绿化工程等提供有效、可靠的技术参考依据（见图5）。

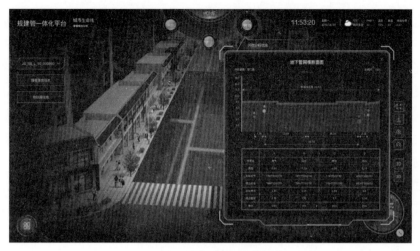

图 5　城市治理一盘棋

4　关键技术

4.1　BIM+3DGIS 融合技术

数字福州滨海新城规建管一体化平台支持从宏观到微观的 3D 数据呈现，技术上一方面要求平台具有 2D/3D GIS 的能力，用于导入基础地理数据、遥感影像、3D GIS 数据，例如倾斜摄影数据、地形地貌、建筑外观外貌等；另一方面也支持导入城市基础设施的高精度 3D 模型数据，例如 Revit、3DMAX 等 3D 模型数据。

城市级的 2D/3DGIS 数据加上 BIM 模型数据的体量相对较大，在此基础上，3DGIS 和 BIM 模型平台能够满足从宏观地图到微观建筑内部细节部位管理构件的无缝衔接和流畅浏览，另外还支持针对城市范围内各类型 2D/3D 模型对象的检索、选择、信息加载显示及模型编辑、控制能力。

渲染引擎除了支持常见的 Web 浏览器，还根据应用需求，支持移动/PC 端的 3D 显示需求，并能够提供二次开发的 SDK 接口，满足应用持续发展的需求。

此外，平台还支持外部各种类型的 2D/3D 地理数据、3D 模型数据的导入、数据格式转换、空间数据处理、分析的能力。

4.2　物联网技术

物联网（Internet of Things，IoT）是新一代信息技术的重要组成部分，也是信息化时代的重要发展阶段。顾名思义，物联网就是物物相连的互联网，包含两层意思，其一，物联网的核心和基础仍然是互联网，是在互联网基础上的延伸和扩展的网络；其二，其用户端延伸和扩展到了任何物品与物品之间，进行信息交换和通信，也就是物物相息。

平台所提供的数据中，物联网智能感知数据是其中重要的一种实时、动态数据，智能感知数据一般通过标准的物联网（IoT）平台进行统一的接入。IoT 平台可以提供物理传感设备的数字镜像，它一般提供以下基本技术能力：

设备建模；设备认证/设备注册；设备感知数据接入和数据解析；设备感知数据的时序数据存储；设备数据的查询、检索；设备控制；基于规则的数据处理/告警服务；流数据服务。

除 IoT 数据之外，一体化平台还需要接入其他专门数据如实时视频数据、公共资源数据、第三方系统的业务汇总数据等。这些数据接入和数据处理都需要平台提供对应的数据接口及接入服务支持，能够满足不同频率、不同数据量、适配不同技术接口和格式的多样化数据接入需求。

4.3 云计算

随着计算机技术的发展，多源海量数据存储、管理以及分析处理、共享、整合和应用问题对计算资源提出了巨大挑战，云计算将为这一挑战提供解决方案。

云计算技术以虚拟化技术为核心技术，以规模经济为驱动，以互联网为载体，以由大量的计算资源组成的 IT 资源池为支撑，按照用户需求动态地提供可伸缩的 IT 服务。云计算的核心技术涉及虚拟化、SOA、自主计算（Autonomic Computing）和效用计算（Utility Computing）。虚拟化技术解决了服务器物理集中条件下的应用逻辑分隔问题，为计算资源的共享、动态调度和按需服务奠定了基础；SOA 解决网络环境尤其是异构环境下的应用集成问题，促进了网络环境下应用接口的组件化和标准化，从而解决了云计算的易用性问题；而自主计算和效用计算主要解决云计算环境的管理与运行维护问题，促进 IT 资源的基础设施化。

云计算为用户提供了 IT 资源物理集中，应用逻辑分隔的集约化模式，通过以数据中心为载体的 IT 资源池的构建，实现计算资源（包括 IT 技术人才源）的集约化和规模化，促进 IT 资源的公共化、共享化，以及从业人员分工的专业化，提供基础设施即服务（IaaS）、平台即服务（PaaS）和软件即服务（SaaS）等不同层次的 IT 资源服务，从而达到 IT 应用的低成本、高可靠性、可扩展性及业务敏捷的目标。

云计算可以集成 SOA、移动计算、物联网等众多技术，将成为智慧运营中心未来发展的方向。同时，也将带来计算资源的集中管理与基础设施化问题，使智慧运营中心真正成为临空区城市运营的一个部分，同时也对现行的管理体制和模式带来挑战。

4.4 大数据

物联网发展和互联网应用带来了多源海量数据的存储、管理、处理、融合、整合和挖掘分析等问题，传统的关系数据库管理系统（SQL 数据库管理系统）已不能完全适应这些海量数据的管理与计算要求，于是 NoSQL 数据库管理系统应运而生。NoSQL 数据库主要有键–值存储（key-value stores）、BigTable、文件存储数据库（Document Store Databases）和图形数据库（graph databases）等类型，相关的数据库软件主要有 memcached，Redis，MongoDB，CouchDB，Apache Cassandra 和 HBase，等等。

规建管一体化平台，面向多源异构复杂信息来源的数据存储、融合、访问、分析的信息处理，能够为各类复杂业务需求提供支撑与赋能。它能够映射或导入各种类型的异构数据，实现对数据便捷的管理和使用。通过利用知识图谱技术构建数据管理模型、实现灵活的关联关系定义，平台基于数字孪生理念，能够对数据进行高效、有针对性的深入分析与挖掘。

5 社会价值

数字福州滨海新城，以规建管一体化为抓手，借用 BIM+3D GIS 等新技术手段，探索城市规划、建设、管理的新思路，助力打造智慧、绿色和韧性的滨海新城。规建管一体化平台项目的意义主要有下面几点：

5.1 项目自身价值

规划阶段：描绘了"城市规划一张图"，建立了福州滨海新城的城市发展蓝图，保障了规划协同编制、数据实时共享、多规集成可视化、各类规划指标汇聚，避免了规划冲突，建立了多部门信息沟通联动、审批协调一致的通道，保证一张蓝图的实时性和有效性，提升城市规划品质。

建设阶段：构建了"建设监管一张网"，建立了建设过程的线上全流程监管，探索了数字化监管新模式。一方面采用物联网及现场智能监测设备等技术手段，与工程现场数据实时互联；另一方面与项目工程监管大数据对接，实现了对建设工程项目从设计图纸审查、建造过程监督和竣工交付的全生命周期实时监管，全面提升工程项目监管效能。

管理阶段：实现了"城市治理一盘棋"，将"一张蓝图干到底"。基于建设交付的 CIM 城市信息模型，通过规建管一体化平台，实时了对水、电、气等地下管网及城市市政设施运行状态的监测，敏捷掌控城市安全、应急、生态环境突发事件，做到"事前控制，多级协同"，将城市管理精细到"细胞级"治理水平。

5.2 项目的社会价值

落实数字福建、智慧城市建设的要求，强化信息基础设施和信息资源平台建设，开发整合利用各种信息资源，实现信息网络的互联互通和信息共享体系。

提升规建管政府部门之间协同治理能力与效率，加强规建管政府部门之间的协同治理能力，提升政府管理部门与建设单位、设计、勘察、测绘单位、施工及城市运营等部门之间的协同效率。

促进规建管三阶段的业务融合，实现规划指标落地，打通规划、建设和管理环节的信息壁垒，强化规建管一体化统筹推进，增强规划科学性、指导性，建设过程中要严格规划执行，防止朝令夕改。

提升工程综合监管能力和项目风险预控能力，可将规划设计、进度计划、质量控制、安全控制、绿色施工、竣工交付等方面业务的全方位监管，实现各管理层级互联互通、现场工作与监管互联互通、业务系统之间互联互通，通过信息的共享和交互，有效提升工程监管能力。一体化平台通过与项目管理业务平台对接，将能对风险进行预警和即时掌控，实现风险的事前控制。

积累城市数字化资产，强化城市生命线安全运行监管。借助信息资源和信息化平台资产，不断完善城市管理和服务，确保城市安全运行，以 BIM+3D GIS+IoT 手段，对关乎城市民生和市政基础设施安全运行情况进行集中监管，严格落实"安全第一"的理念，把住安全关、质量关，把安全工作落实到城市运行各环节各领域。

基于 CIMOS 的青岛国际经济合作区
智慧园区建设实践

青岛市勘察测绘研究院
青岛城市大脑投资开发股份有限公司

1 建设背景

1.1 政策背景

2013 年 8 月，住房和城乡建设部批复青岛国际经济合作区（中德生态园）为第二批国家智慧城市试点，重点在公共信息平台、智慧感知与环保工程、智慧规划等八个领域开展智慧园区工作。

1.2 项目发展历程

2018 年 5 月，青岛国际经济合作区城市智能管理（City Intelligent Management，CIM）系统启动建设开发。

2018 年 6 月 26 日，青岛国际经济合作区管委召开智慧城市建设专题会，成立智慧城市建设领导小组。

2019 年 3 月，初步完成 CIM 城市大脑平台现有业务场景、应用系统、数据项的需求对接梳理工作，研究确定了平台技术框架与开发路径。

2019 年 6 月，青岛国际经济合作区 CIM 城市大脑项目正式命名为"CIMOS 城市大脑智能管理操作系统（City Intelligent Management Operating System，CIMOS）"，通过可行性论证，正式启动基础支撑平台的建设开发。

2019 年 11 月，CIMOS 基础支撑平台均完成一阶段开发建设工作，通过专家验收。同步启动 CIMOS 重点应用系统项目建设开发。

2019 年 11 月，凭借本项目成果，青岛国际经济合作区在第十三届中国智慧城市大会上获评"2019 中国智慧园区（小镇）"。

2019 年 12 月，青岛国际经济合作区园区标准《城市智能管理操作系统 CIMOS 构建指南》正式发布实施；CIMOS 获评中国信息通信研究院 2019 全国智慧城市十大示范案例。

2　建设内容

2.1　顶层设计

1. 理念

围绕"田园环境、绿色发展、美好生活"的发展愿景，以数字城市建设为基础，以前沿技术融合创新为支撑，构建"标准统一、联动整合、智能共享"的 CIMOS 城市智能管理操作系统，实现城市从规划建设到运营管理的全周期智能分析管理，打造园区 2.0 发展样本。CIMOS 作为创新驱动的重要载体，在推动统筹机制、管理机制、运营机制、信息技术创新等方面具有重要意义。

2. 标准化建设

2018 年 12 月，青岛国际经济合作区管理委员会提出 CIMOS 构建指南的制定和目标需求，随后成立标准起草小组，以 CIMOS 已有工作成果为基础，查询、搜集并参考现有智慧城市相关国家标准。目前，《城市智能管理操作系统 CIMOS 构建指南》已制定完成并正式发布。

该标准通过对青岛国际经济合作区 CIMOS 建设中已有工作经验的总结和提炼，实现工作成果和管理经验的输出，为青岛国际经济合作区"规建管"阶段各项工作提供基础技术支撑，辅助园区智慧化建设的全过程，实现在同一个平台中完成各项建设的协同，全面指导园区 CIMOS 建设。

2.2　项目内容

CIMOS 城市大脑智能管理操作系统是基于多维数据分析引擎驱动构筑的城市智能管理决策平台，对城市多维信息进行智能收集、分析和协同，形成城市时空大数据模型和城市动态信息的有机综合体（见图 1）。

项目以时空大数据系统、应用服务系统、数据交换系统、物联网接入系统四大基础支撑系统为技术支撑，规划开发 54 个业务应用系统，整合 82 类基础数据。通过构建未来城市的数字化底板，为城市"规建管"阶段各项工作提供基础技术支撑，可视化管理城市建设发展的过程，实现由基础数据到应用系统到业务场景的全面整合与协同化管理，进而提高政府管理与服务效能，提升城市规划与建设、管理与服务的智慧化水平，创新未来城市智慧管理新模式。

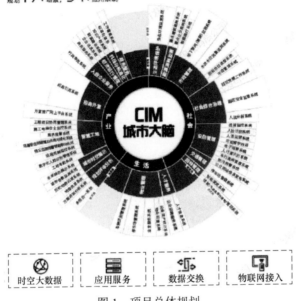

图 1　项目总体规划

2.3　项目构成

1. 基础支撑平台

1）时空大数据系统.。时空大数据系统是信息交换共享与协同应用的载体，为信息在三维空间和时间交织构成的四维环境中提供时空基础，实现基于统一时空基础下的规划、布局、分析和决策（见图 2）。系统将以地理信息系统（Geographic Information System，GIS）为基础，集成建筑信息模型（Building Information modeling，BIM）技术，连接物联网（Internet of Things，IoT）数据，建立起三维空间模型和动态信息的有机综合体，成为可视化大数据管理的数字底板。

2）应用服务系统。应用服务系统是一个信息的集成环境，通过统一的访问入口，实现结构化数据资源、非结构化文档和互联网资源、各种应用系统跨数据库、跨系统平台的无缝接入和集成，提供一个支持信息访问、传递以及协作的集成化环境，实现个性化业务应用的高效开发、集成、部署与管理，如图 3 所示。根据每个用户的特点、喜好和角色的不同，为特定用户提供量身定做的访问关键业务信息的安全通道和个性化应用界面，使用户可以浏览到相互关联的数据，进行相关的事务处理，较好地解决"信息孤岛"问题。同时，利用信息门户的"单点登录""个性化页面""信息集成""搜索""订阅"等功能,可以极大地方便访问者获取信息。

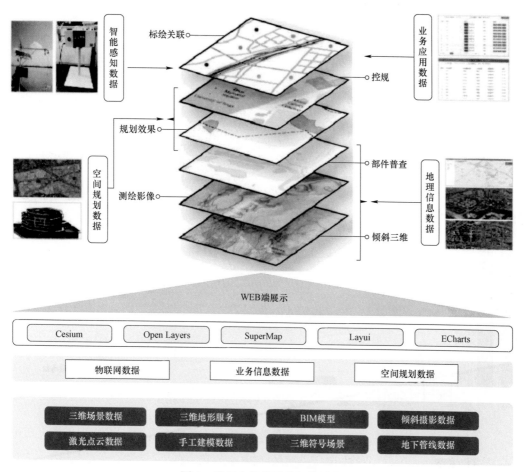

图2　时空大数据系统架构示意

3)数据交换系统。数据交换系统是指将分散建设的若干应用信息系统进行整合,通过计算机网络构建的信息交换平台,使若干个应用子系统进行信息/数据的传输及共享,提高信息资源的利用率,保证分布异构系统之间互联互通,建立中心数据库,完成数据的抽取、集中、加载、展现,构造统一的数据处理和交换(见图4)。

4)物联网接入系统。物联网接入系统是贯穿感知、传输、应用服务三层的功能模块、协议和系统等的总称。通过为设备提供安全可靠的连接通信能力,向下连接海量设备,支撑设备数据采集至云平台;向上提供云端 API,指令数据通过 API 调用下发至设备端,实现远程控制,提供设备管理、数据管理、监控运维、安全能力等核心功能,如图5所示。

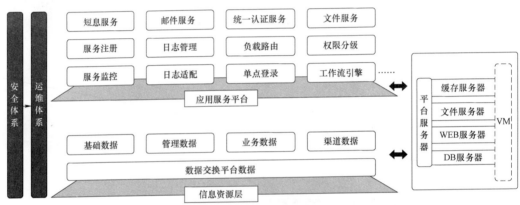

图 3　应用服务系统架构示意

2. IT 运维

为保障 CIMOS 的正常运行，基于城市大脑指挥中心实施日常运行维护工作，实现平台各领域数据集成、展示的作用，IT 运维的主要工作包括：硬件设施、软件系统的日常维护；城市大脑相关应用数据的储存、管理与安全保密；建立健全运营管理制度体系等。

（1）硬件运维。硬件运维工作主要包括定期巡检、故障排查、维护维修联络及日常损耗设备的更换等。

（2）系统运维。系统运维工作主要包括：平台漏洞补丁、运行 BUG 等检测修复，故障检测及系统排错处理，系统运行状态监控，系统操作日志管控，系统数据备份处理，安全加密。平台前期基础数据配置及维护，系统账号增减及账号权限管理，协助进行日常系统数据处理与维护，系统字段内容的调整与系统视觉样式优化。前期项目数据、人员数据及相关报表类数据的整合处理，数据清洗及系统批量化录入维护。

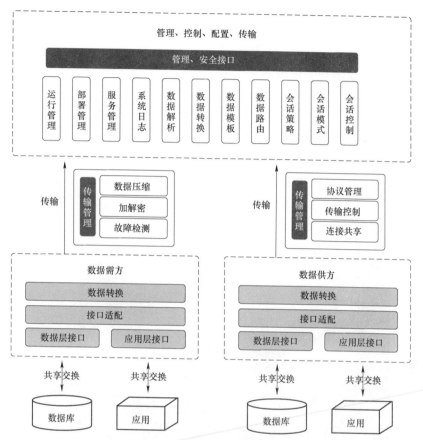

图 4　数据交换系统架构示意

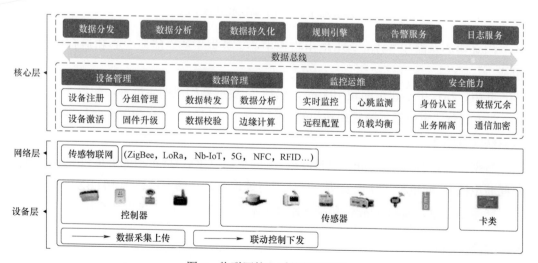

图 5　物联网接入系统架构示意

3 应用情况

3.1 CIM 城市大脑运营管控中心

CIM 城市大脑运营管控中心是从 BIM 技术向城市级发展，综合集成目前国内较为成熟的 GIS 技术，并通过关联 IoT 设备构建能够全景展现真实城市的虚拟平台，如图 6 所示。结合同济大学智能规划协同创新中心多年的技术积累，CIMOS 平台将在信息化的底板上综合应用海量数据挖掘及存储、大数据分析、高精度城市三维仿真建模、云平台、物联网、人工智能等多项智能技术，来支撑城市规划、建设、管理，且具有高度的技术拓展性，可以适应园区更先进技术的应用需求。

图 6　CIM 城市大脑运营管控中心

CIM 中心总面积 337m²，中枢由指挥中心、数据中心、能源中心和后台保障系统组成。

其中，指挥中心建筑面积 192 m²，包括 72 块屏幕构成的主屏幕，配备 7 个工位和 1 个主控制台，应用于不同管理部门的协同工作。二层展示平台配置有触控屏和交互后台系统（见图 7）。

数据中心建筑面积 113m²，包括冷道、列间空调、UPS（Uninterruptible Power Supply，不间断电源）、配电柜、监控安防、气体消防等设备，存储容量达到 10TBX192。

能源中心建筑面积 32m²，包括两路 43kW 市电接入，已配备电池系统。

3.2 智慧规划

为园区规划管理建立"用数据说话、用数据决策、用数据管理、用数据创新"的大数据融合新模式。利用信息化手段实现规划业务"不见面审批",规划方案指标一键智能审查,打造事前预警、事中核查、事后监督的常态化监管机制,保证提速后的行政审批质量。包括网上报建、智能审查、规划业务办理、规划一张图等管理模块。

图 7   CIM 中枢二层展示平台

1. 网上报建

实现市政类、房建类 22 项规划业务的网上报建,在线提报申报材料,实时了解业务办理进展,如图 8 所示。

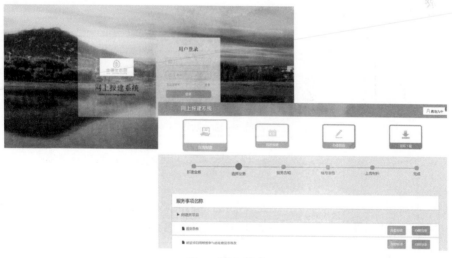

图 8   网上报建

2. 智能审查

对规划方案图纸中的经济技术指标进行一键智能读取,精准快捷审核规划图纸中的容积率、绿地率、建设密度等关键指标,同时实现用地红线及指标属性的一键入库,如图 9 所示。

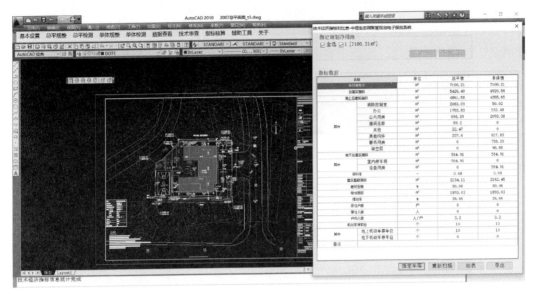

图 9 一键审查规划指标

3. 规划业务办理

对规划业务审批前进行"合规性审查"（见图 10），审批过程实现全生命周期管理、审批后开展动态监管，满足全流程在线审批的应用需求。

图 10 请照图审查业务

4. 规划一张图

土地利用总体规划、城市总体规划、城市控制性详细规划等多种规划图层叠加以展示。并以规划一张图数据成果为基础，开展用地平衡分析、可用地存量分析、地块全生命周期管理、辅助选址分析、土规现状审查、林地规划分析及土地管理分析，深入挖掘已有数据成果的应用价值，如图 11 所示。

图 11　规划一张图

3.3　安全生产管理

以安全管理工作为切入点，开发项目信息管理、参建企业信息管理、安全监察记录留痕、隐患排查上报等功能，建设 PC、手机双端联动的安全管理系统，系统建成后将实现建设项目全过程的隐患排查处理与历史留痕，为园区安全生产管理工作提供有效抓手。

其主要功能包括领导驾驶舱、项目重点信息管理、安全督察信息管理、隐患信息智能查询、督察工作智能提醒、数据统计分析等。

1. 领导驾驶舱

提取重点数据进行全维度统计分析，形成领导端信息查看端口。

2. 项目重点信息管理

对所有纳入安全监管的项目建立"项目档案"，监管部门根据各自职责分工，在系统中录入所负责项目的主要信息，通过系统检索功能，能够快速检索到相关项目。

3. 安全监察信息管理

监管部门监察记录信息录入系统，在线下发隐患整改通知单，各方参建企业通过移动端积极上报检查问题的基本情况、处理时间、整改措施等内容，做到随时检查随时上报。监管部门对上报情况进行核定，有效杜绝监察工作中出现的谎报虚报、只检查不上报等情况。

4. 隐患信息智能查询

监管部门检查信息全程留痕，将项目建设过程中发现的安全问题逐条分解。通过查询功能，能够根据问题隐患检查时间、类型、严重程度等条件检索各级问题基本情况、处理情况。

5. 监察工作智能提醒

根据监察工作设置的整改上报截止时间，系统将通过短信、App 通知等方式对企业的问题整治工作进行智能提醒，有效保障监察工作的及时性。

6. 数据统计分析

通过建立智能统计分析模块，实现项目重点信息、问题类型、数量、来源分布、整改情况等数据的统计，为指导项目安全建设及上级监察管理工作提供科学依据。

3.4 生态环境监测

基于 4G 无线传输的多功能环境监测数字平台，通过物联网数据采集设备完成对监测区域大气、水、土壤等生态环境相关数据的实时采集和动态分析，为环境管理、污染源控制、环境规划等提供科学依据，如图 12 所示。

其主要功能包括大气环境监测系统、水环境监测系统（海绵城市）、智慧环保综合监管平台等。

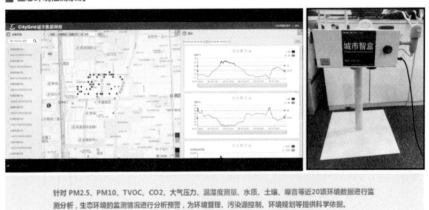

图 12　生态环境监测系统

1. 大气环境监测系统

通过城市智盒终端设备基于 4G 无线传输等技术手段将温湿度、PM2.5、光照、噪声等 19 项参数进行实时数据采集，完成对整个区域大气环境主要参数的监测。

2. 水环境监测系统（海绵城市）

通过 PH、浊度、流量、雨量等传感器设备结合 4G 无线通信、太阳能充电等技术手段进行雨水 PH、流量、浊度、雨量等参数的采集并将实时数据返回至监测平台，完成对雨水数据的实时监测。

3. 智慧环保综合监管平台

将不同系统、不同采集设备上传的数据进行整合并实时分析，实现对受监测区域生态环境的实时监管。

3.5 能源监测管理

针对园区制造业企业、居民小区、商业建筑、公共建筑及学校 5 大类建筑进行水、电能耗监测，后期将扩展至天然气、热力能耗监测；同时对园区太阳能、风能、地源热泵等产能数据进行监测分析。系统包括区域、建筑能耗数据可视化展示、统计分析、用能预警等 20 多项功能，系统建成后，将为园区能源能耗管控与节能减排工作提供数据支持，如图 13 所示。

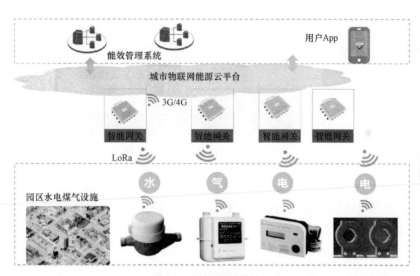

图 13　能耗监测系统

其主要功能包括区域能耗一张图、区域项目一张图、区域热力图等。

1. 区域能耗一张图

通过二维地图对区域能耗数据进行展示，包括区域能耗排名、业态能耗占比、单位面积能耗排名。

2. 区域项目一张图

通过三维地图对区域内建筑能耗数据进行展示，主要展示月度分项占比、月度能耗数据柱状图（同比、环比）。并通过 BIM 模型对单一项目进行能耗展示，并能通过 BIM 模型查看单一设备的用能状况。

3. 区域热力图

通过热力图的方式对区域内的项目做一个用能展示，更加直观地了解区域内用能概览。

3.6 建设动态监测

以时空联动的方式，从自然禀赋、园区建设、公共服务三大方面，地表覆盖、原有地貌和自然肌理保护等 11 项内容进行年度动态监测，监测这些内容在园区发展建设过程中的动态变化，助力于园区的可持续发展（见图 14）。

图 14　原有肌理和自然保护变化监测

1. 土地利用

监测土地利用过程中耕地、园地、林地等地类的变化量及变化趋势。

2. 地貌保护

为了保护项目地原有的水系、村庄、树林、植物、农田道路、山地等地貌，分析各年份园区原有地貌和自然肌理的保护比例及变化发展趋势，助力于园区开展保护自然生态系统相关工作。

3. 海绵城市

着重依据海绵城市中的不透水面及透水面指标，进行空间覆盖展示及变化分析。

4. 生态保护

在生物丰度指数、植被覆盖指数、水网密度指数、土地胁迫指数及污染负荷指数五方面进行生态环境评估。

5. 建设用地

分析公共管理与公共服务设施用地、商业服务业设施用地、绿地与广场用地、工业用地、居住用地、道路与交通设施用地、公用设施用地及物流仓储用地的发展变化。

6. 村庄变化

监测各年份自然村灭失的情况，统计各年份处于已拆迁、拆迁中及未拆迁三种状态的自然村占比情况。

7. 规划评估

以城市建设用地及控规数据为基础，监测各年份的规划实施率。

8. 交通设施

监测园区道路总长度的变化及增减变化量。

9. 基础设施

对长途汽车站、医院及学校的空间分布情况及可达性进行分析。

3.7 社会综治与智慧安防

在充分整合园区现有摄像头资源基础上，布设多种智能监测设备辅助园区建筑施工、城市建管等领域工作，实现城市智能化、精细化、一体化管理。

基于 AI 图像识别的城市智能监管系统将引入 AI 图像识别、边缘计算、物联网、大数据分析等技术，打通事项告警、指挥调度、现场处置、巡查预防等各环节业务流程，实现人员管理、质量管理、安全管理可感知、可反馈、可预测，降低城管人力沟通等方面成本，提高发现、处置、解决问题的效率（见图 15 和图 16）。通过城市运管物联网大数据平台，试行动态监管、科学分析与自动预警，促进管理提质增效。

◀◀ 区域车辆信息监控管理，陌生车辆登记，车辆行为识别与分析

车辆交通行为数据分析，突发状况应急处置与预警 ▶▶

图 15　车辆行为识别系统

其主要功能包括公共区域监管、生态环境监管、工地安全监管、一体化指挥调度、数据统计分析等。

3.8 招商外宣

依托信息化手段构建招商引资功能场景，其应用包括项目智能调度、招商引资一张图、外事外联统筹调度、土地信息管理、投资环境及配套信息管理等。实现了招商引资工作全流程的数字化管理，提升招商引资工作效能，为招商工作部署决策提供技术支持；实现了招商资源信息公开、资源共享、数据可视，优化日常调度信息报送流程，全面提升招商引资工作效能，为招商工作部署决策提供技术支持（见图17）。各类业务数据制定了统一接入更新的规则，确保数据标准唯一，真实有效。

红线内陌生人登记识别、人员行为分析与数据统计分析

图16　人脸行为识别系统

结合自有外宣平台建设、SEO优化、第三方推广平台推荐等手段，丰富外宣推广方式，统一对外形象与窗口，统一信息管控渠道。

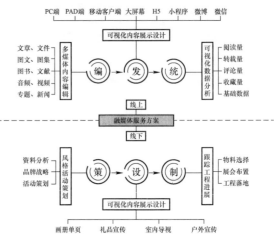

图17　外宣推广网上平台系统

其功能主要包括产业项目调度系统、投资环境一张图系统、土地信息系统、投资环

境信息管理系统、配套信息管理系统、招商载体管理系统、外事活动管理系统、企业运行监测系统、政府财源分析系统等。

1. 产业项目调度系统

通过招商单位和统筹单位两个维度，对项目的基本信息、计划目标、调度进展、附件档案等进行全周期智能化管理。统筹单位能够审核各招商单位提报项目并纳入统筹库中，系统智能抽取最新项目信息按周期生成定制化报表，全面掌握项目调度进展。

2. 投资环境一张图系统

抽取系统平台内各信息库数据进行数据共享和多图层展示，支持自定义叠加展示区域各类规划图层、土地利用图层、招商项目图层、企业图层、产业图层、实景图层等，可基于地图位置关联业务属性信息。

3. 土地信息系统

整合管理土地面积、类别（批而未供、供而未用等）、性质（工业、物流、教育、居住等）、位置、控规指标（容积率、建筑密度、绿地率、控制高度等）、土地配套信息、地面构筑物等土地信息，统一土地详细信息标准，并与一张图联动展示。

4. 投资环境信息管理系统

构建投资环境信息库，整合产业、生活、配套等投资环境名称、类别、状态、位置等各类信息，根据系统数据自动生成环境信息报表，并与一张图联动展示。

5. 配套信息管理系统

构建配套设施信息库，整合道路、管线等规划（建成）的配套设施名称、类别、状态、位置等各类信息，根据系统数据自动生成配套设施报表，并与一张图联动展示。

6. 招商载体管理系统

整合楼宇、厂房等招商载体信息，直观介绍载体位置、空间、成本、配套等信息，以 App、微信、网站等多种方式对外发布展示。

7. 外事活动管理系统

建立包含接待、拜访、参会、出国在内的外事外联活动信息库，对活动基本信息、人员信息、日程安排、最新进展、礼品情况等进行全流程记录管理及影像资料留档，生成管理台账便于数据分析统计。

8. 企业运行监测系统

统筹企业统一社会信用代码、名称、法人、性质等各类基础信息，统一企业数据信息管理标准。动态管理企业运行过程中的各类经济指标数据，通过高效算法实现企业经济运行过程中对不同维度数据的实时监测，为管控区域内企业发展提供分析依据。

9. 政府财源分析系统

支持线上企业提报及入库审核，通过模板化操作实现大体量纳税和纳统（纳入规模企业统计申报）数据导入及智能化云端数据处理，最终生成以企业、行业、项目为基础的多维度图、表，财源现况可视、易读，极大地便利于统筹决策及分析演示。

10. 经济运行驾驶舱系统

以各大系统数据为基础，实现全场景数据互通、自动提取、智能分析，将分析数据实时整合至"数据驾驶舱"内，以可视化图表形式展示场景各领域业务系统的关键性统计数据，依据政府决策分析需要，开发智能算法，生成分析报告为政府治理决策提供依据。

4 关键技术

4.1 基于多维数据引擎

以 BIM 技术为细胞，综合集成城市规划、建设、管理过程中产生的位置、属性等多维数据，并通过关联 IoT 设备，构建能够 1:1 展现真实城市数据信息的虚拟平台。

4.2 多领域前沿技术融合创新

实现 GIS、CIM、BIM、IoT、位置服务（Location Based Services，LBS）、虚拟现实（Virtual Reality，VR）、大数据（Big Data）、人工智能（Artificial Intelligence，AI）等多领域前沿技术的融合创新。

+GIS/CIM/BIM，基于城市规划和现状，构建三维电子沙盘，提供城市级地理数据服务；+IoT，提供城市各领域物联感知应用机制，构建城市数据中枢系统；+BigData/AI，通过大数据挖掘分析，形成城市管理辅助决策机制；+LBS，基于地理位置服务，提供精细化城市运行管理体系；+VR，构建现实与未来融合的沉浸式体验空间。

4.3 辅助管理决策

CIMOS 不仅仅可以感知特定场地环境在地理信息系统平台上的数据信息，还可以实时更新数据、分析数据并生成不同的优化方案，从而辅助城市发展决策及建设管理。

4.4 规划指标一键智能审查

结合 MIS（Management Information System，管理信息系统）技术、CAD 技术、GIS技术及网络技术，实现计算机辅助的规划建设审批。系统能够提供统一的数据标准，将已有的设计成果自动转化为符合审批要求的报审文件，快速检测各项规划控制指标，自动生成检测问题报表和定量技术经济指标表。

5 社会价值

5.1 政府管理效能提升

1. 数据标准统一

因地制宜建构城市发展大数据库，落实城市数据与三维空间模型的对应关系，与青岛国际经济合作区规划、建设、管理的过程同步更新数据，持续完善系统。

2. 打造规划业务"快车道"

推行规划业务"极简审批"以及与负面清单管理方式相适应的"事中事后监管体系"，智能获取方案中的关键指标。自智慧规划模块上线运行以来，青岛国际经济合作区规划业务利用平台进行受理与审批，将行政审批时效从天提高到小时，切实提高了行政审批的时效性，打造了规划业务办理的"快车道"。

3. 跨部门业务协同

多部门的业务协同，建筑、景观、规划、交通、市政设施、能源、环境等工程设计部门可以在同一个平台中协同作业，上传各自的工作内容并与其他系统匹配、进行快速校核。

4. 城市关键指标的计算、统计与展现

在三维场景中查询城市数据，可以根据需求统计必要指标，尤其是园区关注的生态指标，并通过可视化的形式展现出来。

5. 信息资源高效整合

整合园区现有的信息平台，将现有信息平台的功能通过数据接口的形式，与 CIMOS 相衔接，可以根据管理需求调用相应的应用模块，与园区现有信息平台的功能相匹配，提升现有平台的服务水平，实现高效治理。

6. 推进依法管理与公众参与

开放信息给公众，并且通过数据接口接收公众反馈，从而实现依法治市，推动政府职能从管理型向服务型转变，管理模式从部门管理向综合管理转变。

5.2 应用价值

1. "招商引资"推动价值

以 CIMOS 项目为牵引，以"未来城市研究院"为纽带，组建产业联盟，整合产业上下游优势资源，带动联盟实力企业落户城区，共建前沿创新项目，助力招商引资工作的开展。

2."招才引智"推动价值

CIMOS 以其行业技术前沿性、产业上下游整合性的特点，将进一步推动新一代信息技术的研发与实际应用的落地，将行业优秀人才的集聚，打造城市大脑人才高地。

3. 数字经济推动价值

CIMOS 的建设伴随城区的建设同步进行，由此而来的产业带动作用将进一步推进上下游产业的发展，构建"数字经济"发展新模式，将进一步推动地方经济新型经济效益的提升，为日后在技术、产品、服务、品牌等层面为园区"走出去"贡献新作为。

北京新机场临空经济区智慧管廊平台

同方股份有限公司

1 建设背景及意义

城市地下综合管廊,是城市地下综合设施动脉工程的重要部分,对于城市建设来说,具有十分重要的战略意义。近年来,随着北京城市建设的快速发展,地下空间也日益紧张,目前地下空间很难满足各类地下管线布设的要求。而城市地下综合管廊的施工建设,则解决了城市给水、通信、电力等各种管线管网的集约化建设,可有效解决城市交通拥堵、道路积水、路面反复开挖和管线破裂等问题,对北京市的管线管理和维护具有重要意义。

目前,在我国一些城市已经开工建设了城市地下综合管廊,在国家相关政策的引导和推动下,城市地下综合管廊的建设将进入新高潮。2012年11月22日,《住房城乡建设部办公厅关于开展国家智慧城市试点工作的通知》(建办科〔2012〕42号)中发布的《国家智慧城市(区、镇)试点指标体系(试行)》,在"城市功能提升"的二级指标下指出了"地下管线与空间综合管理"的三级指标,指标说明了要实现城市地下管网的数字化综合管理、监控,并利用三维可视化等技术手段来提升管理水平。2015年6月1日起实施的GB 50838—2015《城市综合管廊工程技术规范》,第七章中指出综合管廊宜设置地理信息系统,并应符合下列规定:应具有综合管廊和内部各专业管线基础数据管理、图档管理、管线拓扑维护、数据离线维护、维修与改造管理、基础数据共享等功能;应能为综合管廊报警与监控系统统一管理信息平台提供人机交互界面。综合管廊应设置统一管理平台,并应符合下列规定:应对监控与报警系统各组成系统进行系统集成,并应具有数据通信、信息采集和综合处理能力;应与各专业管线配套监控系统联通;应与各专业管线单位相关监控平台联通;宜与城市市政基础设施地理信息系统联通或预留通信接口;应具有可靠性、容错性、易维护性和可扩展性。

因此我们要在管廊数字化的进程中,创造和拥抱新模式、新业态,注重数字经济持续健康发展,充分发挥数字经济引领经济创新发展的重要作用。在这一过程中,要推动互联网、大数据、人工智能等新一代信息技术对传统产业进行从生产要素到创新体系、从业态结构到组织形态、从发展理念到商业模式的全方位变革和突破,推动数字技术在制造业生产研发设计、生产制造、经营管理等领域的深化应用、渗透和融合,切实提升实体经济创新力和竞争力。此外，加快新型基础设施建设进度，为数字经济发展提供重要保障，也是挖掘数字经济潜能的题中应有之义。因此，按照中央的决策部署以应用为导向，加强资源整合和共建共享，以 5G 网络、数据中心等新型基础设施建设为牵引，推动传统基础设施优化服务和提升效能，构建基于数字孪生技术的管廊管理平台，为数字经济快速发展夯实硬件基础。

2 建设内容

智慧管廊平台采用国际先进成熟的 BIM+GIS 技术，对地下管廊进行三维可视化显示，再对各感知系统数据进行采集，通过物联网、无线传输网、互联网等信息传输网络对信息进行业务化处理，从而实现 GIS 宏观视角下的管廊三维监控和 BIM 微观视角下的管线监控。

2.1 远程数据采集

传统的数据采集大部分都是基于人工进行现场采集，耗费人力，且不能进行自动监测，本次系统设计能够满足数据实时采集、远程监测的需求，实现对底层数据信息的采集。采集的主要系统有视频监控系统、出入口控制系统、入侵报警系统、电子巡查系统、火灾报警系统、光纤测温系统、防火门监控系统、电气火灾监控系统、可燃气体探测报警系统、环境与设备监控系统、电力监控系统、井盖监控系统、网络系统、通信系统、无线覆盖及人员定位系统等。

2.2 自动化监测

系统通过对综合管廊内部环境因素进行自动、连续监测，并且实现数据远程传输，可以及时进行查询。主要是在监测中心实时显示综合管廊内部环境参数，可以调用数据曲线查看趋势，以及历史数据的查询。通过对各段地下综合管廊内部的智能化改造和信息集成，实现地下综合管内部局域的智能化控制。利用施工过程中不断完善的 BIM 信息，将 BIM 竣工模型二次开发形成运营模型，在运营模型中搭载 IoT 技术（物联网技术）实现 BIM 数字化运维。通过在虚拟的 BIM 模型和真实的物联网传感器搭建数据的连接，可以实现远程端口对地下综合管廊内部数据的形象实时展示和远程控制；通过参数的设定和人员权限的设置，实现智能预警和任务推送。通过 BIM 技术，支持对地下综合管廊项目的综合管理和监控。通过长时间运维信息的储存和统计，形成运维信息大数据，通过对大数据的分析形成对后期工程建设、运维等阶段工作的指导意见（风险实时监控与主动预警）。BIM 技术的应用，可以全面提升地下综合管廊运营的安全等级，优化管理流程，提高管理效率，降低运营风险成本。

2.3 信息预警和报警

能够及早避免异常情况的发生，实现监测点信息和远程信息数据的同时更新，上位分析数据后得到状态的预测值，进行判断后发出预警，如图1所示。

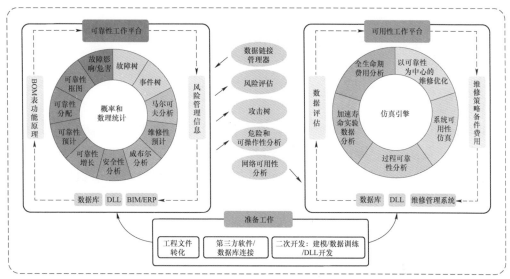

图 1 平台可用性与可靠性

2.4 三维显示功能

地下综合管廊距离较长，需要分区域进行检测，所有的监测区域都需要直观的以三维形式显示在用户界面上。三维展示使用 3DMAX、Rhino、Revit、Navisworks、Bentley、Tekla、Catia 等能交付标准模型的软件下实施建模，再依靠 GIS 地图提供地理信息位置坐标和相关功能的开发实现三维展示，如图2所示。

图 2 三维显示功能

2.5 基于物联网架构设备网络需求

目前传统的智能化系统监控信息传输网络设计，还是根据不同系统或产品的自身特点，采用各自独立的监控信息传输网络和互不兼容的布线敷设方式。这种五花八门、各自独立的系统信号传输网络，不但使得智能化系统布线混乱和繁杂，各系统通信协议不一致，而且也为今后智能化系统设备扩展和网络维护增加了难度和费用。物联网架构设备网络采用以太网络结构模式，基于 TCP/IP 通信协议，在智能化物联网络上部署智能化各应用系统，如管廊自控系统、变配电系统、视频监控系统、门禁控制系统、网络管理系统等。

3 北京新机场临空经济区智慧管廊平台

3.1 平台概述

北京新机场临空经济区智慧管廊平台处理业务涉及环境与设备、消防、通风、供电、照明、排水、安全防范、语音通信、预警与报警等众多领域，系统对采集数据进行云计算和大数据分析，实现了管廊数据潜在价值的挖掘和利用，供给政府职能机构、管廊运营公司及入廊管线单位等。在统一管廊运维体系、BIM 标准体系及信息安全保障体系的前提下，实现智慧管廊运维管理平台标准化和体系化，为面向各类用户提供基础的数据支撑和信息保障平台。

3.2 平台架构

"智慧管廊运维管理平台"的技术架构以如图 3 形化形式对各层级架构的关系给予描述：

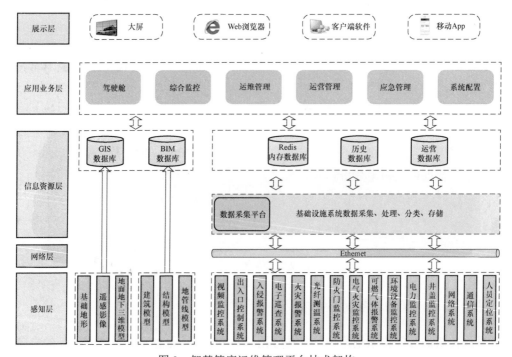

图 3 智慧管廊运维管理平台技术架构

402

智慧管廊运维管理平台可以由感知层、网络层、信息资源层、业务应用层、门户层组成。

1. 感知层

实现对底层数据信息的采集,采集的主要系统有视频监控系统、出入口控制系统、入侵报警系统、电子巡查系统、火灾报警系统、光纤测温系统、防火门监控系统、电气火灾监控系统、可燃气体探测报警系统、环境与设备监控系统、电力监控系统、井盖监控系统、网络系统、通信系统、无线覆盖及人员定位系统等。

2. 网络层

实现感知层采集数据的信息传递,主要包括无线网络、电话网、数据网及网络安全设备等。

3. 信息资源层

信息资源层实现对数据的存储和共享,主要包含的数据库有 GIS 数据库、BIM 数据库、SCADA 数据库、业务数据库、决策支持数据库、安全信息库等。

4. 业务应用层

应用层包括两方面的业务。一个是智慧管廊运维管理方面的应用,主要有三维监控、维护管理、应急管理、能效管理、工程档案、决策支持和系统管理等业务;另一个是关于云计算和大数据分析方面的服务应用,主要由云计算及数据分析的各项支撑服务和信息安全、实时消息等服务组成。

5. 展示层

为政府职能机构、管廊运营公司和入廊管线单位等提供服务和应用。

三维展示使用 3DMAX、Rhino、Revit、Navisworks、Bentley、Tekla、Catia 等能交付标准模型的软件下实施建模,再依靠 GIS 地图提供地理信息位置坐标和相关功能的开发实现三维展示。

GIS:GIS(地理信息系统)提供地图(Tif)、空间信息、坐标系、坐标信息、地形等地理信息数据以及相关分析功能。

BIM:BIM(建筑信息模型)提供标准的、带有建筑结构、尺寸等相关属性的信息模型。

3.3 平台功能设计

1. 指挥舱

用于指挥中心大屏显示的综合数据监控界面,包括 GIS 展示、重点实时监控数据、重点数据分析、预警报警信息等,如图 4 所示。

图 4　指挥舱

2. 综合监控

集成多个智能化子系统，对整体情况进行总览（两种显示方式 BIM+GIS）+其他模块或者菜单，统一监控廊内环境状态及设备运行；实现各系统的信息共享及联动控制功能，包括对环境、设备、配电等监测数据的采集及控制；对视频、门禁、人员定位、电子井盖等监测数据的采集及存储；对光纤测温、烟感探测器、温感探测器等消防监测数据的采集及存储；实现对通信录的管理。同时还需要具备语音对讲、消息管理、实时回传（视频、图片、语音）、在线会议、即时通信的功能等，还可接入入廊管线监控系统、廊体结构监测系统数据（见图 5 和图 6）。

图 5　综合监控

3. 运维管理功能

运营服务平台的运维管理模块应为管廊的维护与维修活动提供信息化支撑，实现巡检管理、办公协同的电子化执行流程包括资产管理、综合巡检、维护维修、入廊人员管理、值班管理等，如图 7 所示。

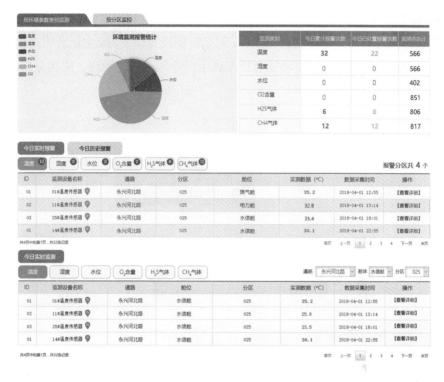

图 6　环境参数监控

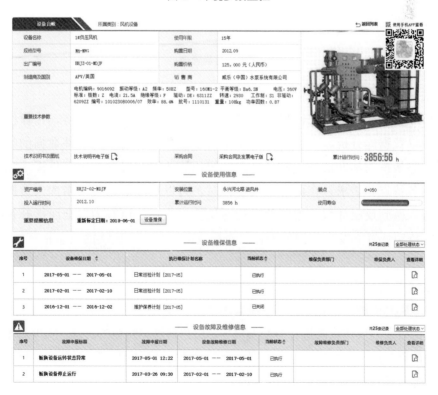

图 7　运维管理

4. 运营管理功能

运营管理可提供高效适时的运营工作，对运营团队提供支撑，实运营管理的流程化、制度化、科学化、扁平化。主要功能包括入廊用户管理、合同管理、能耗分析、运营分析、安全分析，如图8所示。

图8　运营管理

5. 应急管理功能

管廊应急管理系统依托管廊综合安全体系，充分利用现代网络、计算机和多媒体技术，以数据库分析、多媒体信息表示为手段，实现对突发事件数据的收集、分析，对应急指挥的辅助决策、应急资源的组织、协调和管理控制等指挥功能。根据管廊的业务特点和需求，在面对突发事件时，可以通过本系统为指挥人员提供各种信息服务，做到反应处置迅速、信息沟通快捷、指挥协调有力，全面提升管理部门的安全防范和处置突发事件的能力，从而构建全方位、多层次的应急指挥管理功能，如图9所示。

6. 配置管理功能

实现基础功能的个性化配置。系统采用"角色授权"机制，通过角色管理，将平台的全部功能模块的操作权限进行分配及绑定。用户通过与角色的关联，实现对平台相应功能模块的操作；对智慧管廊运维管理平台的报警方式进行管理；对各类环境参数的报警阈值进行设置及管理，如图10所示。

图 9　应急指挥

图 10　配置管理

7. App 功能

结合移动智能终端开发管廊 App 应用，实现管廊内信息互动运维及全流程监管，提高管廊运维管理效率的同时，解决管廊内运维状态不掌握、运维环节缺监督、运维质量难评价的行业难题。管廊运维 App 主要包括资产管理、综合报警、维修管理、我的运维四大部分，如图 11 所示。

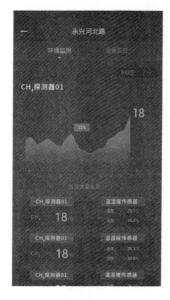

图 11　管廊运维 App

4　关键技术

4.1　3D GIS 技术

3D GIS（三维地理信息系统），弥补了二维图形界面展示空间信息抽象难懂的缺陷，3DGIS 技术可实现综合管廊信息的空间化、可视化、直观化、逼真化，主要应用于综合管廊的前期规划、管廊基础开挖计算、廊体及附属设施空间信息展示、入廊管线数据展示、运营维护可视化管理等领域。

4.2　遥感技术

遥感技术可获取地物表面和浅层内部信息。通过遥感技术获取综合管廊的空间地理信息，供 3DGIS 等技术使用，准确提供地下综合管线的直观、清晰的背景底图，获取地表变化信息及破损管线信息，助力智慧管廊的精准运维服务。

4.3　BIM 技术

BIM（建筑信息模型）对建筑工程项目的各项相关信息数据建立起三维的建筑模型，并进行数字仿真（见图 12）。利用 BIM 技术可实现三维可视化展示、快速查询和分析地下综合管廊、管线、设备等的空间及其安全、运维属性。一个 BIM 竣工模型是数据全面、目标导向、智能、数字化的多用途信息模型，其 3D 视角以及模型输出的各种数据可以帮助项目各方决策，改善综合管廊全生命周期的建设运营。

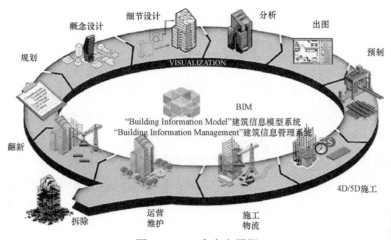

图 12　BIM 全生命周期

4.4　大数据技术

大数据技术能够对海量的结构化和非结构化数据进行整合、校验、清洗、抽取、转化、预测、模拟、分析、管理。在综合管廊中可应用大数据技术海量的非结构化和结构化数据，实现基于大数据全局洞察的管廊监测的分析和决策，建立管廊异常事件快速发现模型和风险预测预防，最大限度地预防管廊事故发生。

以管廊监测领域业务流、数据流，以地理空间数据、具有时空标识的传感监测数据为基础，结合管廊空间数据和属性数据，利用计算机技术、3S 技术、图形处理技术，建设一个即时性强、真实准确、集管廊监测数据和电子地图数据、空间信息和属性信息为一体的管廊监测大数据中心，使之成为"智慧管廊"的数据大脑，全面实现城市地下、地上数据共享应用。

4.5　云计算技术

云计算可以利用 IaaS（基础设施即服务）、PaaS（平台即服务）、SaaS（软件即服务）等模式，通过互联网来提供动态、易扩展、虚拟化的信息资源应用。在综合管廊中，云计算可提供数据检索、数据融合、信息共享、数据分析、数据挖掘、趋势预判、风险评估等分析处理的硬软件计算资源。

城市地下综合管廊的建设通常是分路、分区、分阶段实施的，因此一个城市的管廊规模会长期处于增加和扩展的动态状态，与之相关的信息化数据处理能力能适应管廊规模动态，而云计算具有适合计算规模动态变化的优良特性。目前综合管廊相关的基础信息设施资源，如服务器、存储、网络等，规划和建设仍以传统的计算物理设备来实现。但应用云计算资源来提供智慧管廊的信息计算与服务已逐步为业界所接受，已经出现了部分 IaaS 的云计算应用，也有综合管廊项目通过搭建私有云来实现其信息化管理服务。可以预见未来智慧管廊建设的发展趋势，将会向城市级云平台应用进行迁移最终到达所有智慧管廊的应用功能都以云服务的方式提供。

4.6 物联网技术

物联网是物物相连的互联网。利用物联网技术，对管廊内的所有设备，包括传感器、机器人、监控设备等进行唯一身份认证，基于物联信息构建综合管廊的数字双胞胎（Digital Twin），并以此为基础实现识别、定位、跟踪、监控和管理功能的精准化与智能化。窄带物联网技术（NB－IoT）是物联网技术新的发展，具备低功耗、广覆盖、低成本、大容量的特点，能提供经济、可靠、全面的蜂窝数据连接覆盖。NB－IoT 的上述特点使之非常适合在管廊中应用，以实现综合管廊内部设备和人员的智能实时识别、定位、跟踪、监控和管理等功能。

5 社会价值

在我国 700 多个城市中，仅有少部分城市建有地下管廊，而使用 GIS 技术对地下管廊数据进行管理的更是少之又少。传统的二维管线 GIS 管理系统仅仅使用平面的线要素来描述管线段，抽象化的图形图像与现实场景严重不符。除此之外，传统二维 GIS 管理系统不能将管线全生命周期各个阶段的数据进行融合，造成了严重的数据流失现象，并且很难进行地上地下一体化的空间分析和管理。

三维 GIS 技术可以使得用户获得身临其境的感官体验，可以更加符合和完整地描述真实世界。三维 GIS 的研究对象有：点、线、面和体，其中线是空间曲线、面是空间曲面、体则是特有的三维对象，三维 GIS 研究的不仅是复杂实体内部空间结构，还包括体与体之间的相互关联。将三维 GIS 技术应用在地下管廊的管理信息系统建设中，一方面可以使得空间关系复杂的管线在表现上层次清晰，另一方面可以使得用户容易掌握使用方法，降低学习成本。

BIM 技术是一个集成了建筑物建设项目在全生命周期内的所有的几何模型信息、功能需求和构建性能的模型，同时它还拥有施工进度、建造过程中的控制信息。BIM 技术的优势在于对建筑物的全生命周期管理，改善团队合作，实现建设项目价值最大化。包含建筑物领域在内，BIM 技术在桥梁工程、铁路交通、城市规划和水利工程等各种基础设施建设中均有广泛的应用。利用 BIM 技术可以将图纸上的内容进行"预装"，通过模拟真实的三维模型可以发现设计上的问题，提前解决管线之间的位置冲突问题。然而，BIM 技术主要设计的是建筑物内部的结构，无法与外部管网产生关联，在空间分析、数据库管理等方面存在着盲点和难点。

针对地下管廊具有的空间复杂性、隐蔽性、投资大且更新快、数据碎片化、普查困难等一系列的特点，智慧管廊平台将三维 GIS 和管线 BIM 技术相结合，将地下管廊的规划、建设和运营阶段整合为一体，并解决不同用户的各类需求。

北京经济技术开发区循环经济综合服务平台项目实践

北京泰豪智能工程有限公司

1 建设背景

北京经济技术开发区 1992 年开工建设，1994 年被国务院批准为国家级经济技术开发区，占地面积 46.8 平方千米。开发区地处环渤海经济圈和京津冀黄金枢纽地带，由一片田野发展成为一座名企云集、经济繁荣、社会和谐的现代化高端产业新城，质量和效益位居全国前列，是首都实体经济主阵地和"北京创造"的主力军。开发区自成立以来，坚持把节能环保贯穿于产业发展过程中。目前开发区万元 GDP 产值节能环保处于同类园区领先水平，先后获批成为"国家工业节水示范园区""国家太阳能光伏发电集中应用示范区""国家生态工业示范园区""国家循环化改造示范试点园区"等近二十个国家示范区称号。

为保持并扩大开发区的绿色发展优势，开发区提出建设智慧化"开发区循环经济综合服务平台"。循环经济是以减量化、再利用、资源化为原则，以提高资源利用效率为核心，以资源节约、资源综合利用、清洁生产为重点，以智慧信息技术为支撑，通过调整结构、技术进步和加强管理等措施，大幅度减少资源消耗、降低废物排放、提高资源生产率，促进资源利用由"资源－产品－废物"线性模式向"资源－产品－废物－再生资源"循环模式转变。循环经济是以低投入、低消耗、低排放、高效率为基本特征，符合可持续发展理念的经济增长模式。所以，建设智慧化的"开发区循环经济综合服务平台"，是开发区开发循环经济，建设资源节约型、环境友好型社会和实现可持续发展的重要途径。

2 建设内容

2.1 精细化能源信息服务

实现开发区内用能监测和监测数据分析，进行节能考核监管，对节能潜力进行分析，进行节能预测、风险预警，进行产业链能耗分析以及重点用能设备及能源计量器具监管。

2.2　项目管理服务

为企业提供节能与循环化改造项目申报的数字化渠道，使项目申报单位通过录入相关参数信息及材料，完成项目申报工作，并对已申报项目实现在线初步评审。对已通过审批的节能及循环经济项目，实现对项目实施及运营过程中相关情况材料的收集管理，实现对项目全生命周期质量把控。

2.3　废物交易服务

产废企业通过废物交易功能，在线发布废物供求信息，在线查询对自产废物的需求信息，解决缺乏废物处理有效途径的烦恼，并降低生产成本，增加额外收入。收运企业和产废企业通过废物交易信息发布功能，在线发布废物需求信息，在线查询废物供给信息，促进废物的线下交易，有效降低交易成本。

2.4　信息咨询服务

满足企业及时了解中央、北京市以及开发区当地的政策、法规、资讯等相关信息的需求，为企业提供节能减排、环保、循环化技术与产品的在线查询，为推动企业开展节能技改、循环化改造、清洁生产等提供信息基础和技术支撑。

3　应用情况

3.1　智慧应用软件功能设计

1. 总体功能列表

开发区循环经济综合服务平台总体功能如图 1 所示。

2. 循环经济信息服务系统

循环经济信息服务系统包含的功能模块有资讯中心、政策法规、循环文化、产品技术推广、专家咨询服务、循环经济产业链展示、废物交易、废物监管、水资源管理、循环经济指标评价（见图 2）。

系统功能主要涵盖信息发布、文化宣传、产品技术推广、咨询服务及政策法规查询、专家咨询服务、循环经济产业链展示、废物交易、废物监管、水资源管理等服务。通过大屏幕展示系统，实现循环经济、环保监控、能源管控、能耗公示、信息发布、循环经济产业链模型管理等功能。

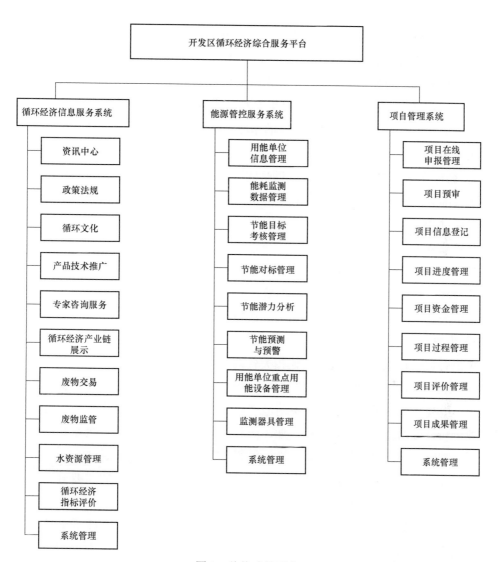

图1 总体功能列表

图2 循环经济信息服务系统

413

1）资讯中心。该功能模块涵盖地方新闻、国内新闻、国际新闻及最新公告四部分，是用户了解国内外信息及产业信息的重要来源，政府职能部门可通过最新公告发布信息，打造政企信息的统一发布渠道，实现信息资源共享。

2）政策法规。该功能模块是政府集中发布政策信息、企业了解学习政策法规标准的统一渠道。政策法规包括国家、地方的循环经济相关政策法规及标准，同时囊括相关的政策解读。

3）循环文化。主要包括活动、培训、教育及成果展示四部分，是平台宣传推广的重要组成部分，旨在宣传循环经济的作用、目的及成果。主要体现为开展交流活动，举办技术研讨会议和论坛，开展相关业务培训和人员培训，向公众普及循环经济知识，以及展示各项成果等工作。

4）产品技术推广。主要宣传推广循环经济相关技术、产品，从侧面促进循环经济建设的开展，同时集成各项技术产品的解决方案，辅助展示典型案例及相关供应商，为政府推广循环经济建设，企业开展循环经济建设提供专业、系统的一条龙服务。

5）专家咨询服务。平台提供专家咨询服务，主要涵盖交易咨询、技术产品咨询、项目申报咨询、政策法规咨询及其他相关咨询，用户可通过平台进行初步的业务咨询。

6）循环经济产业链展示。该模块展示园区循环经济产业链条，形象展示园区以移动通信、电视与微电子、汽车与装备制造产业链、循环经济产业链等流向，通过循环经济产业分析，可以对开发区各支柱产业、产业园区、重点行业、重点企业及重点项目进行分析，实现现状在线监测与分析、趋势预测、项目评估等功能。通过 GIS 系统直观展示支柱产业、产业园区、重点行业、重点企业所在位置，在地图上点击要素，右侧面板即可展示要素的统计分析信息。

7）废物交易。提供废弃物网上交易平台，促进废弃物的线上和线下交易。该模块可实现买卖双方自动匹配、自动提醒、自主选择。收运或处废企业发布求购信息，当产废企业发布供应信息后，系统在后台自动匹配并将信息发送至合适求购各方，引入市场机制促进线上或线下交易，如图 3 所示。

图 3　废物交易

8）废物监管。实现废弃物处理的全过程监管。

9）水资源管理。实现对开发区内重点用能企业、重点用水企业、水处理企业的用中水使用的监管，并实现对区内企业中水利用、雨水回收系统的评价。

10）循环经济指标评价。以国家及北京市的各类相关试点示范指标体系作为指标体系中指标项及指标目标值。指标包含可持续发展的压力、状态、响应等方面考虑指标分类，涵盖自然生态、社会经济、资源支撑、人居环境等领域。

指标评价方法基于系统分析法框架下的层次分析法，设指标类为目标层、指标项和指标子项为方案层，对方案层赋予权重，得出开发区的经济发展水平、资源利用水平、生态宜居水平，对目标层赋予权重，最终得到开发区可持续发展水平（见图4）。

系统根据不同权限，对外展示不同类型、不同内容的指标水平数据，通过色阶、曲线等形式展示开发区循环经济发展水平。

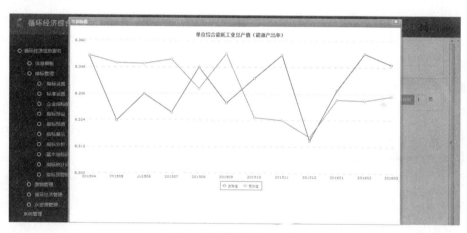

图4 循环经济指标评价

3. 能源管控服务系统

能源管控信息服务系统的功能分为用能单位信息管理、能耗监测数据管理、节能目标考核管理、节能对标管理、节能潜力分析、节能预测与预警、用能单位重点用能设备管理、监测器具管理、系统管理等九个子模块，满足北京市节能监测服务平台对于各项功能的要求，同时具备开发区的特色功能需求。

4. 项目管理系统

循环经济综合服务平台的项目管理系统将对申请政府投资或补助的循环化改造项目或节能减排等项目进行管理。通过项目在线申报管理、项目预审、项目信息登记、项目进度管理、项目资金管理、项目过程管理、项目评价管理、项目成果管理、系统管理等模块，对项目申报、项目进展、项目预期收益、项目能源资源消耗及效果、后评价等进行全方位把控。对开发区循环化改造具体项目进行全生命周期跟踪，对项目对相应指标的贡献进行评价，并对企业利用政府资金的效果进行动态监管。

5. 节能环保与循环经济产业技术展示服务

开发区节能服务企业、用能企业通过平台进行节能效果、技术展示、在线对企业提出的技术问题进行在线答疑，加强管理方与企业的技术互动；对在开发区相关的案例进行展示，向公众和企业展示节能效果、技术成果及技术的先进性，提高企业对开发区节能工作和节能企业的认可度；实现社会与开发区企业对接的机会识别，促进开发区节能环保产业的发展。

3.2 智慧系统数据需求分析及数据来源

本平台以开发区企业的废物产生及交易数据、能源消耗数据及环保监测数据、用能单位经济数据为基础，同时涉及企业单位的信息和用于统计分析的基础资料等数据，并涵盖循环经济领域发布的相关信息数据。

项目在用能单位安装具有远传功能的智能电能表、热量表、蒸汽流量计、天然气流量计、液体流量计、中水数据累计流量等计量器具，进行耗电、耗气、热量等的实时在线采集。同时利用已经建设的环保在线监控网络，采集开发区重点排放单位的主要污染物数据，为本项目提供数据支撑。

1. 在线采集

循环经济信息综合服务平台基于采集设备及网络传输实时在线采集能源管控信息服务系统监测的部分能耗数据，以及部分环境监测数据，相关数据。

2. 人工采编

平台通过"人工采编"形式采集的内容包括循环经济综合服务平台展示信息，指标信息、交易信息发布等。人工采编数据主要是信息服务系统发布的相关信息数据，包括新闻资讯、政策法规标准、循环文化教育培训、产品技术解决方案等文章类信息数据。

3. 企业填报

企业填报数据主要是由平台注册用户（包括企业、机构、公众）参与项目管理、废物交易、废物监管等平台业务线上手工填报生成。企业填报信息包括重点企业不具备直接采集条件的其他类型能耗数据，如用水量、交易量等，及企业相关的经济指标数据。

4. 第三方系统接入

第三方系统接入的数据包括北京市节能监测服务平台接入的重点用能企业能耗类数据、开发区政务平台、第三方废物交易系统的废物交易量数据、企业第三方系统参数数据等。第三方系统数据以按天为单位进行数据采集。

3.3 智慧平台基础设施建设方案

1. 数据中心总体方案架构

数据中心建设采用业界主流的私有云架构，使用成熟可靠的虚拟化平台以及平台管理软件。虚拟化云平台支持服务器、存储、网络资源的虚拟池化，支持线上弹性扩容，具有良好的软硬件兼容能力，满足未来系统的持续建设需求。云平台管理软件提供资源动态分配、管理自动化、系统冗余、单点登录访问、权限控制、集成虚拟网络、安全访问边界等特性，提供易用的管理方式（见图5）。

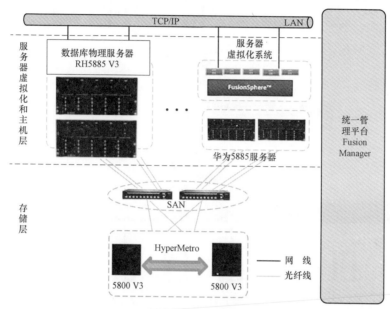

图5　数据中心 IT 架构拓扑图

核心数据库可采用物理机部署，集群方式提供可靠的数据库业务；其他企业关键应用通过虚拟化云平台创建虚拟机，为应用系统提供基础架构，通过云平台来保证应用系统的连续可靠运行和数据安全。

2. 网络结构设计

总体网络结构如图6所示。

1）方案一：部分企业具备有线传输环境。

在部分单位具备有线传输环境的情况下，采用路由器或者防火墙做网络出口，通过有线网络连接互联网，用于传输采集器收集的能耗或环保的数据，在互联网上构建一条可信、可控、可管的安全传输隧道，将分部客户采集能耗、环保的数据安全快速地传递给数据中心网络中的服务器。

在数据中心互联网出口部署核心防火墙，通过核心防火墙在出口进行访问控制，阻止一切非认证访问，保护网络内部数据的机密性；提供万兆级应用层威胁实时防护，在核心防火墙之后部署安全接入网关，对用户进行全面的身份认证、访问授权以及行为审计，充分保证用户身份的合法性，实现灵活细致的访问控制策略。

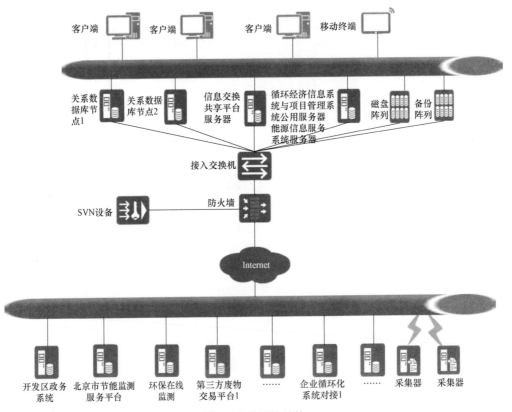

图 6   总体网络结构

接入交换机连接核心防火墙与服务器,提供三层交换机功能,能够提供高速数据交换和路由快速接收转发各单位的能耗/环保数据给服务器,具有较高的可靠性、稳定性和易扩展性。

2)方案二:部分企业不具备有线传输环境。

在部分单位不具备有线传输环境的情况下,采用 4G/5G 模块设备做网络出口,通过 4G/5G 信号连接互联网,用于传输采集器收集的能耗/环保的数据。

3. 大屏幕显示系统设计

根据北京经济技术开发区循环经济综合服务平台的实际情况,系统中心采用目前全高清 LED 光源技术 DLP 大屏幕显示系统。LED 光源 DLP 大屏在综合服务平台可实时显示综合服务系统、突发事件处理、应急指挥决策、视频会议和参观指导等功能;可以准确地放大显示计算机的全系统信号,为决策指挥提供高效的服务;并可在多种画面之间互相切换,为重大讨论、重要决策、突发事件处理、应急指挥决策、视频会议提供直观方便的服务,快速直观的为用户提供所需材料。

4 智慧应用系统关键技术

4.1 智慧平台总体技术架构

北京经济技术开发区循环经济综合服务平台项目系统架构如图7所示。

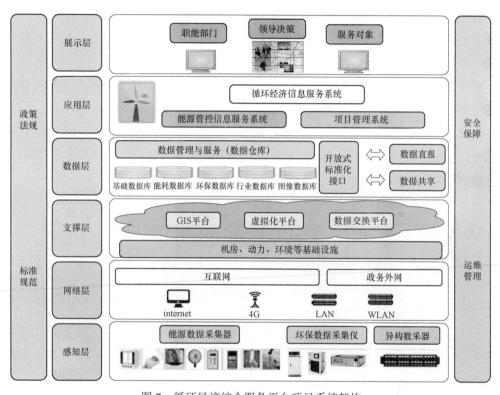

图7 循环经济综合服务平台项目系统架构

感知层：通过现场仪器仪表和数据共享监测能耗数据，通过现场采样分析仪器监测环保数据，并通过数据采集、传输装置，完成各种数据的现场实时采集、存储和上传。

网络层：企业端与开发区循环经济综合服务平台之间，利用互联网，完成各种数据、信息的网络传输。

支撑层：包括地理信息 GIS 平台调用、共享数据交换平台和虚拟化平台，为循环经济信息服务系统、能源管控信息服务系统、项目管理系统运行提供应用支撑。

应用层：通过循环经济信息服务系统、能源管控信息服务系统、项目管理系统，实现不同用户对象权限范围内查询、统计、分析、管理本区域能源与环保数据的应用服务。

展示层：通过大屏、电脑、移动终端等，满足不同用户的多种界面访问及展现需求。

4.2 系统逻辑架构

1. 整体逻辑架构

系统采用多层体系结构，将逻辑业务层、应用处理层各数据层分开；采用 J2EE 主流语言和技术，基于分布式计算技术进行系统架构设计和系统开发，使系统具有纵向和横向的平滑扩张能力。

数据库设计充分考虑监测数据的海量快速增长，确保数据量增大时，系统的数据处理性能不受明显影响。建立统一的相关数据模型，能够精确描述监测企业的基本信息、现场仪表、实时监测数据、统计分析数据及报警数据信息等。

采用开放、跨平台的高压缩编码技术，节约网络带宽、保证系统软件平台高效处理、兼容多操作系统平台，采用分布式架构设计，支持云计算运行环境。

系统以 B/S 模式进行访问，运行平台采用多层架构体系，以 J2EE 为该架构体系的支撑平台，包括数据表示层、基于 J2EE 应用服务器的业务逻辑层，以及基于 XML 标准的集成数据资源层。

系统总体逻辑架构如图 8 所示。

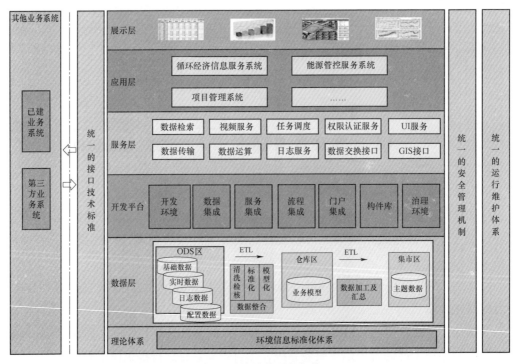

图 8　系统总体逻辑架构

2. 展示层

在展示层，系统通过对组件库、javaScript 库、css、html、GIS 库、flashChar 等页

420

面元素进行组件化、构件化的封闭形成一个可供调用的标准 UI 库；用户界面引擎负责根据输入的参数及数据调用 UI 库生成不同形式的用户交互界面，如图 9 所示。

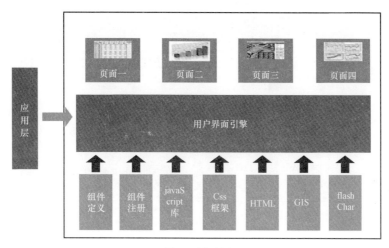

图 9　展示层

3. 应用层

应用层整合了相关领域服务、模型、领域逻辑、数据持久化以及基础设施等所能提供的功能，在此架构体系下，系统的质量和稳定性都有大幅度的提高，同时业务功能的扩展能力也会得到相应的增强，如图 10 所示。

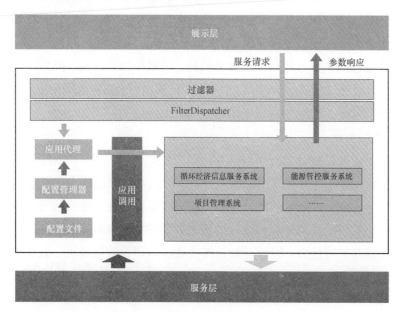

图 10　应用层

4. 服务层

服务层由三部分组成：服务管理模块、服务运行引擎以及企业服务总线，如图 11 所示。

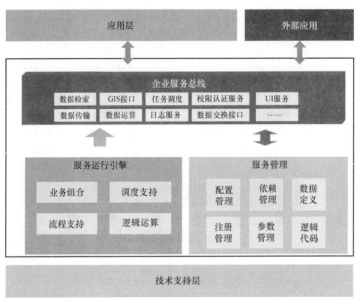

图 11　服务层

服务管理模块包括配置管理、依赖管理、数据定义、注册管理、参数管理和逻辑代码等几部分。它的主要职责是对技术开发平台提供服务单元的定义、创建、加载以及编排，实现不同功能单元的大颗粒度封装。

服务运行引擎根据企业服务总线的请求，解析服务管理模块提供的配置、逻辑处理以及数据等信息，调用技术开发平台所提供的服务单元，创建高质量、可重用的应用服务，并对其生命周期进行集中管控。

企业服务总线提供了一种分布式服务架构，以服务为关注点，提高服务和业务逻辑的应用。所有的服务封装成统一接口，使得应用层可以直接通过调用总线的接口实现应用需要的功能，方便其他应用系统使用这些功能服务。

5. 技术开发平台

技术开发平台提供业务功能模块组件化的开发和部署模式，以组件包的方式进行分发、部署、升级，降低了业务应用系统的开发、管理、运维的成本。基于技术开发平台提供的基础服务，可形成统一的数据访问、统一的事务处理、统一的缓存管理、统一的任务调度、统一的权限控制管理、统一的日志、异常处理机制（见图12），有助于提高软件的稳定性以及扩展能力，能够有效地解决业务应用系统规模大、软件模块、软件开发、部署、升级带来的诸多问题。

6. 数据层

数据层主要以调度管理系统数据为基础，向纵、横向应用系统提供数据服务。系统从 ODS 区获取原始数据，根据需要对数据模型化、标准化之后生成相关业务模型进入仓库区，最后使用数据加工及汇总转变成系统应用需要的主题数据。

422

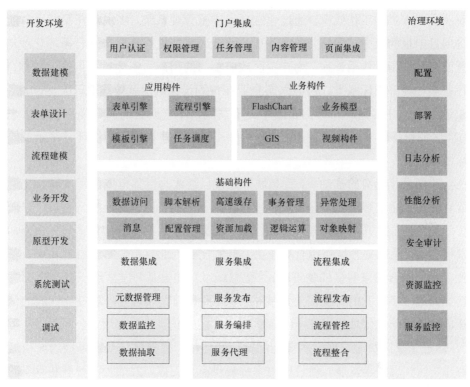

图12　技术开发平台

5　智慧平台项目的社会价值

　　智慧循环经济综合服务平台是开发区循环经济发展的重要组成部分，及时部署实施开发区循环经济综合服务平台方案，有助于构建循环经济相关计量、统计、监测基础能力，建立相关的技术研发平台和信息共享平台，为开发区循环化改造提供技术和数据信息支撑，完善服务机制及政策支持，全面提升开发区循环经济管理与服务能力。通过循环经济信息发布、在线专家咨询、循环文化宣传、废物交易、废物监管、循环化项目申报、水资源管理，建立开发区政府部门与企业之间的业务纽带。平台实现政策、法规、标准等信息的发布，实现文化交流、教育培训等公开信息的宣传展示，从而建立一个良好交互的统一视图与访问入口，引导企业与社会公众参与循环经济建设，吸引优质项目或企业进入开发区。

　　由于废物交易市场庞大、涉及行业较多、运送半径短，需建立基于互联网服务的废物交易信息发布平台，搭建各企业废物供需桥梁，促进开发区企业之间形成共享资源和互换副产品的产业共生组合，进一步促进开发区企业废物循环利用，创建更好的绿色环境。

　　原来开发区与循环经济、节能减排等方面的项目申报工作采用纸质申报流程，为提高政府及企业人员的工作效率，通过建立项目申报管理系统，实现对开发区内节能与循环经济项目申报的集中式一体化管理，引导企业、公共机构开展节能与循环化改造。通过园区循环经济指标体系管理，为开发区政府部门的招商引资项目提供评价依据，根据不同行业循环经济指标水平，引导入园企业在规划设计阶段就要按照开发区的高标准、严要求进行设计并实施，并将企业循环经济发展水平与园区的循环经济发展水平相结合，对园区的可持续发展水平进行评价，为亦庄开发区建设国家级循环经济示范园区提供指标依据。

在全球信息化趋势的推动下，智慧城市建设已经成为世界范围内解决城市化通病的重要战略途径。通过智慧城市建设，可以优化产业结构、促进产业经济发展；以面向行业的智慧化应用，提升城市管理和服务水平；以新兴技术的综合应用，服务大众，提升市民幸福指数，从而提升城市综合竞争力。开发区作为北京市信息化资源集中、基础设施完善、两化融合效果明显的先进区，"智慧城市"建设是开发区经济社会全面发展、核心竞争力进一步提升的客观需要和战略选择。要在开发区率先建成世界一流的信息基础设施，深化新一代信息技术在全区各领域、各区域发展中的应用，全面建设"智慧开发区"，促进开发区快速发展，实现精细化、智能化、可视化、动态可控的城市运行管理，为开发区实现科学发展、促进民生幸福提供有力支撑，并成为"智慧北京"的重要组成和先行示范。使政府管理决策更加科学化、高效化、民主化，不断适应和满足新区经济社会发展的新需要。

按照"智慧亦庄"的战略要求，以服务和支撑建设具有世界影响力的高技术制造业和战略性新兴产业聚集区为宗旨，以提升产业综合实力为核心，以信息技术改革和体制机制创新为双驱动力，通过智慧循环经济综合服务平台的建设，使信息基础设施环境达到世界一流水平；产业结构进一步提升优化，基本形成适应现代信息社会的产业体系；使城市管理运行更加精细化、可视化、动态化；社会管理服务更加智能化、便捷化、人性化；使政府管理决策更加科学化、高效化、民主化，不断适应和满足新区经济社会发展的新需要，全面建设智慧城市，完成国家智慧城市及北京市智慧北京的建设任务和指标要求，有着重要和深远的社会意义。

深圳国际生物谷坝光片区
BIM 数据管理与应用平台

深圳市大鹏新区坝光开发署

上海宾孚数字科技集团有限公司

1 建设背景

深圳国际生物谷坝光片区地处深圳市大鹏半岛大亚湾畔，距深圳机场 75 千米、距香港（沙头角口岸）37 千米，总占地面积 31.9 平方千米，核心启动区占地约 9.5 平方千米，预计总投资 670 亿元，建设规模 558.26 万平方米。深圳国际生物谷坝光片区是深圳市 17 个重点开发建设区域之一，是深圳最大成片可开发区域之一，也是七大未来产业聚集区之一。

大鹏新区坝光开发署于 2018 年开始建立基于数据的"坝光数据网络"整体架构，并依托该架构开发"深圳国际生物谷坝光片区 BIM 数据管理与应用平台"（以下简称坝光 CIM 平台）。该平台已申报"国家住建部 2018 年科学技术项目计划—研究开发项目（信息化技术）"，并通过终期评审。

该平台秉承"数字孪生"理念通过集成多源异构 BIM 模型数据的方式，直观体现了整个片区的建筑风格、水务布局、地下管网结构、基础设施规划等；平台集成的项目管理数据实时反馈了整个片区的开发总体情况。该平台作为开发署对坝光片区规建管总体管控的有效手段，具有很高的应用价值。

2 建设内容

2.1 智慧园区标准体系建设

智慧园区标准体系建设主要包括三个方面，如图 1 所示。

1.《BIM 应用课题研究》

2015 年 12 月至 2016 年 8 月，完成了 BIM 应用课题研究的编制，目的是对国际生物谷坝光核心启动区 BIM 工作整体工作框架进行研究，形成课题研究报告。

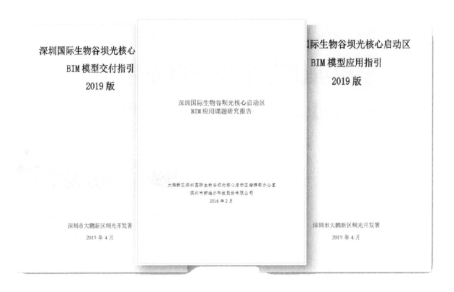

图 1　智慧园区标准体系

2.《BIM 模型交付指引》

2019 年 4 月完成了坝光 BIM 模型交付指引，作为园区所有项目模型提交的依据，定义了模型成果的深度、组成方式、提交方式、命名规则以及审核方式，是保障坝光 BIM 数据完整性的重要手段。

3.《BIM 模型应用指引》

2019 年 4 月完成了坝光 BIM 模型应用指引，是针对坝光片区各项目从规划、设计、施工、竣工全过程 BIM 技术应用的指导性文件，保障坝光片区整体 BIM 实施应用规范、合理、落地。

2.2　坝光 CIM 平台建设

本项目 CIM 平台是一个基于高性能数据处理的 B/S 架构轻量化引擎的片区级信息化管理系统，通过对接 BIM 模型及相关软件平台，整合汇总坝光核心启动区可用的结构化、非结构化、半结构化数据，将这些数据纳入统一的技术平台，并对这些数据进行标准化和智能分析，最终形成数据资产，为片区决策者的管理和决策提供数据依据（见图 2）。

2.3　坝光运维管理子系统建设

坝光展厅运维管理子系统是基于坝光 CIM 平台，通过 BIM+IoT 技术建立的运维集成化平台（见图 3），规范内部管理，打造全面具有生态仿真特点的智慧展厅，以"智慧模型，协同管理，泛在感知，移动互联"为建设目标，通过 BIM 模型为载体实现智慧楼宇运维。

图 2　坝光 CIM 平台架构

图 3　坝光运维管理子系统架构

3　应用情况

3.1　多端数据呈现

坝光 CIM 平台通过在 Web 端、移动端（手机端、平板端）、数据大屏端等显示端的数据呈现，可以实现多端联动，满足多元化的应用场景（见图 4）。

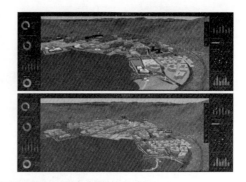

图 4 CIM 平台多端呈现

1）Web 端：实现后台管理，设置组织架构、权限配置、片区现场数据采集和录入和数据分析多屏导出等。

2）移动端：支持手机端和平板端的 CIM 管理平台查看，支持在线模型和业务数据查看，随时随地掌握片区现场情况。

3）数据大屏端：针对片区管理办公室大厅或展览大厅等场景下的电子大屏，制作适配大屏超宽高尺寸的平台界面，模型和业务数据全屏呈现，一屏掌控全片区的整体规划和建设概况，辅助领导层宏观决策与高效指挥。

3.2 整体规划应用

通过规划总图的统计图表和相应的模型互动查询，可实现整个坝光片区大到总控指标、小到地块配套等所有规划信息的查询；也可以帮助规划人员和领导层实现零基础的"在线虚拟规划"，摆脱传统规划设计软件高门槛、强专业的要求。

在规划总图大场景下，可实现坝光片区的概况查看、规划数据总览，包括片区的投资指标、投资进度；各地块性质、面积，规划用地比例统计；规划配套查询，可以在三维场景中实时查询诸如医院、学校、卫生间等配套设施的定位（见图 5）。此外，场景右侧还针对特定需要开发了一些便捷功能，比如地块详情查询、规划单元查询、在线面积测量和图层显隐切换（可叠加显示倾斜摄影模型、道路设施模型，植被模型等，增加场景的丰富度）。

3.3 整体建设应用

通过建设总图对多源管理数据（BIM 模型、形象照片、720 全景图、实时视频监控、进度考勤安全数据）的接入以及对数据的统计分析，对建设现场进行强管控，及时纠偏、辅助决策、精准治理。

在建设总图大场景中，可以实时查看片区的建设情况，包括片区项目统计、各项目的项目类别、建设状态、投资数据统计、月度投资变化、投资资金来源以及项目在场景中的具体定位、各项目的工程例会情况等（见图6）；在场景中，融合了视频监控点位、720全景云图点位和会议督办事项跟进点位，全面利用三维场景将不同类别数据与三维空间挂接，数据查询直观明了。此外，场景还针对特定需要开发了一些便捷功能，比如场景快速旋转、在线距离测量、各项目建设信息查看、场景切换（进入单项目场景或多项目组合场景）、图层控制（可将场景中的各类模型做显隐处理，实现针对性查看）、面积测量等，丰富片区建设场景化应用。

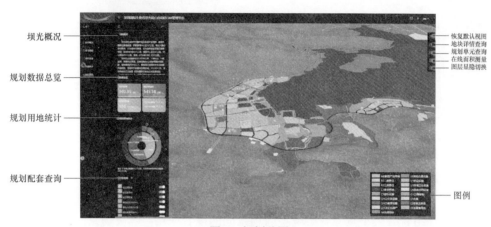

图5　规划总图

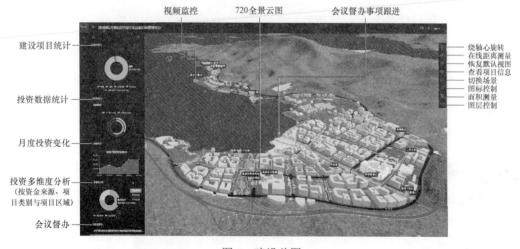

图6　建设总图

3.4　单项目场景应用

通过在线轻量化查看单项目小场景，实现对片区所有建设项目的微观调控。

片区建设项目包括但不限于市政道路项目、房建项目、河道海堤、公园绿化等。由于片区实行的是全域全周期的BIM应用，在各项目不同阶段需提交不同精度的BIM模

429

型，模型都会汇集到平台中，平台支持 BIM 模型的无损上传和在线轻量化查看。平台支持对单项目的 BIM 模型做常规操作，比如按专业、系统、区域快速筛选模型、剖切模型、空间测量及细部构件属性查看等（见图7）。

- 模型结构树
  按专业、系统、区域快速选择模型
- 模型剖切
  方便查看模型内部
- 构件属性查询
- 空间测量
  构件间距、梁底净高、管线净高

图7　单项目应用

3.5　多项目场景组合应用

通过在线组合各类小场景，实现不同场景间的联合应用，解决场景间交圈建设的诸多矛盾。

以往入驻项目建设方在与红线外管网对接时，需要我们与道路建设方协调或翻找道路建设方提供的竣工图纸，而往往现场施工到交圈位置时才暴露出很多矛盾与纠纷，这给协调工作造成很大困难。而现在项目建设方可以直接通过平台的场景组合功能，多角度、直观地查看自己项目红线内管网与相邻道路市政管网的关系，并对管网编号、管径和其他属性都集中分析，让传统的"红线内、外交圈权责不清晰""各管各施工交圈打架导致返工"等这些老大难问题得到前置解决（见图8）。

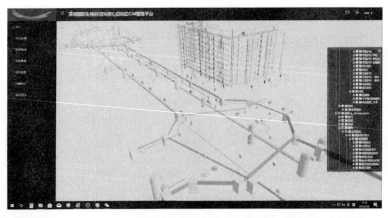

- 项目交圈关系判定
  道路与道路、道路与房建项目交圈
- 电力电信穿管指导
  所有道路管线模型唯一编号，通过模型模拟电力电信管线布置，指导现场穿管施工
- 红线内外管线交圈
  辅助分析道路管线与红线内管线的衔接是否合理（以雨水管为例）

图8　多项目组合应用

3.6 运维管理应用

通过定制化打造的坝光展厅运维管理子系统，提高展厅运维管理的智能化水平，极大方便了展厅运维人员的工作，有效降低了运维成本，减少了运营安全隐患，实现了展厅运维高度自动化和智能化。

坝光展厅运维子系统应用模块包括智能监控和智能物管两大块（见图 9），其中智能监控有安防监控、消防监控、能耗监控和相应的应急通知功能；智能物管则包含安保巡更、设备巡检、维修管理、保洁管理、资产管理以及结合智能办公系统的会议管理。运维管理系统同时提供数据看板功能，能够根据自定义的时间段内进行数据统计、数据分析和业务提醒。

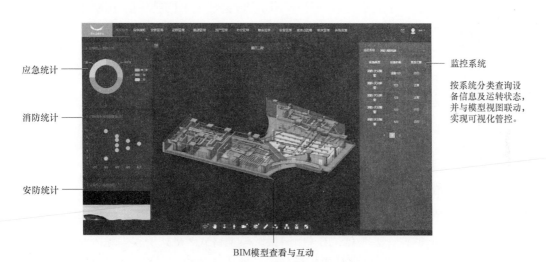

图 9　坝光展厅运维子系统功能界面

值得一提的是，系统各类业务数据均与展厅的 BIM 模型挂接，支持在线轻量化查看展厅 BIM 模型及相应的业务数据，比如视频监控点位及录像、物业作业（巡更、巡检、维修和保洁）点位及实时作业记录、会议室点位及预订记录等。场景化应用，使管理立体化，管理数据一目了然。

4　关键技术

4.1　BIM 技术

大鹏新区于 2016 年全面开展引入 BIM（Building Information Modeling 建筑信息模型）技术助力深圳国际生物谷开发建设的探索和论证，成为国内最早大面积推广使用

BIM 技术的片区之一。

坝光片区实行的是全域全周期 BIM 技术应用，片区内的工程项目包括房建、市政道路、桥隧、水务河道及海堤工程，各类工程项目均已引入 BIM 技术。片区前期规划时，首要任务就是编制《BIM 模型应用指引》，随着片区开发建设的进行，BIM 监理单位积极介入，推行 BIM 技术，对各参建单位进行定期的 BIM 技术培训和指导，已知的项目 BIM 技术应用已实现但不限于 BIM 算量、BIM 出图、4D 施工模拟、施工工艺模拟、碰撞检测、管线综合优化、图模核查等，为各类建设项目降本增效助力良多。

项目在 BIM 应用过程中，都是围绕 BIM 模型展开的，BIM 建模是必不可少的前提，BIM 模型除了上述基本应用外，还能为 CIM 平台提供基本的三维数据，作为模型场景为片区顶层业务提供数字底板。各项目在不同阶段会建立不同精度的 BIM 模型，比如初设阶段建立的 BIM 模型精度为 LOD200，施工图阶段建立的 BIM 模型精度为 LOD300，竣工阶段建立的 BIM 模型精度为 LOD400 或 LOD500。不同阶段的 BIM 模型需要经过 BIM 监理单位的审核，BIM 模型审核的主要要点是图模一致性和实模一致性，确保交付平台的 BIM 模型达到片区《BIM 模型交付指引》中的要求。模型审核通过后，才能上传到 CIM 平台作为信息载体进行管理应用。

4.2 GIS 技术

片区引入 GIS（Geographic Information System 地理信息系统）技术，通过无人机进行倾斜摄影航测作业，利用航测数据建立三维 GIS 模型，获取片区的 GIS 模型后，采用基于 GIS 系统的插件，实现 OSGB（倾斜摄影模型格式）格式的模型无缝移植到 CIM 数据管理平台。GIS 模型同样也是作为模型场景为片区顶层业务提供数字底板，而且可以叠加 BIM 模型，实现"GIS+BIM"融合应用，丰富三维数据的应用场景，发挥 GIS 的技术优势。

4.3 IoT 技术

坝光 CIM 平台和坝光展厅运维管理子系统均采用了不同程度的物联网设备和技术。平台的一部分数据是经过物联网设备在现场采集获取的，经过物联网设备的智能化采集及平台智能算法的预处理，最终将有用的数据反馈到平台，定向分发，实现智能化应用。CIM 平台融合了片区所有道路的视频监控，现场采用的均是可以联网的智能监控摄像头，可以实现实时监控，断网续传，本地视频存储等，在网络畅通情况下，CIM 平台可随时随地查看片区道路上的监控视频，第一时间知晓片区交通状况。坝光展厅运维子系统运用物联网技术深度融合了众多物联网设备，坝光展厅作为智能化建筑主体，其中部署了大量的物联网设备，涵盖视频监控设备、电力监控设备、能耗监控设备、智能控制设备、物业打卡设备等。这些物联网设备作为展厅运维管理的高效手段，具有极高的应用价值，而展厅运维子系统则集成了所有这些物联网设备，对众多物联网设备采集的数据做智能化分析和处理，将有用的信息分发给不同的运维管理角色，辅助运维人员的高效作业。

4.4　模型融合技术

坝光 CIM 平台融合了多元异构模型，模型种类多样，包括 BIM 模型和倾斜摄影模型等三维数据模型。作为平台的三维数字底板，模型间的融合一直是一个难点，模型融合的好坏直接决定了顶层业务数据的呈现形式优劣，优秀的呈现形式能带来良好的使用体验和宣传效果。针对 BIM 模型，通过中间交互格式，将数据模型按照 IFC 标准组织数据，或者转换成 FBX、OBJ、DirectX、OSG 等成熟的三维图形引擎支持的格式，图形引擎直接读取。优势是转换简单，一般 BIM 软件都支持 IFC、FBX 等格式数据的导出，可直接利用现成的转换接口。另外一种是通过插件，调用软件平台提供的数据接口从底层进行二次开发，实现数据模型无损迁移到图形引擎，该方法优势是数据转换质量可控，数据能满足工程项目应用需求。

1. 大场景模型融合

大场景由规划总图和建设总图两部分组成，规划总图场景主要由单元地块、控高盒子、规划红线、拆迁盒子，道路路面、桥梁、水务和地形数据模型组成；建设总图场景主要由地块、道路（包含道路上的附属设施和乔木等）、桥梁、水务、湿地公园和地形数据模型组成。由于片区开发规模较大，不同工程业态的分包单位众多，片区开发建设初期就实行了全域全周期的 BIM 应用，不同项目阶段需提交相应的 BIM 成果，其中就包含了 BIM 模型成果，这些 BIM 模型成果格式各异，来自不同的 BIM 建模软件。其中房建、市政道路和桥梁类 BIM 模型来自 Bentley 旗下的 AECO sim Building Designer 系列软件和 Autodesk 旗下的 Revit 软件；地形和水务类 BIM 模型来自 Civil3D 软件和 Navisworks 软件；湿地公园景观类模型来自 3dsMax 软件，概念类模型来自 Rhino 软件和 SketchUp 软件。除此之外，还有无人机航拍生成的倾斜摄影模型。所有的这些模型均需整合到 CIM 平台中，由于 CIM 平台所采用的图形引擎目前只能支持其中的 Microstation（Bentley 旗下的软件基础平台）平台、Revit 平台和 3dsMax 平台的模型直接导入，面对其他的建模软件平台，需要通过中间格式来实现跨平台模型融合。经测试，上述软件均可以导出 FBX 格式，于是将 FBX 格式作为中间交换格式，此外，3dsMax 软件平台可以很好地兼容 FBX 格式，且平台的图形引擎可直接读取 3dsMax 文件，最后在平台中将整合好的 3dsMax 模型和倾斜摄影模型进行融合，基于这样一套流程的探索，我们最后总结出了大场景模型融合的技术路径，顺利完成了所有模型的融合（见图 10～图 12）。

434

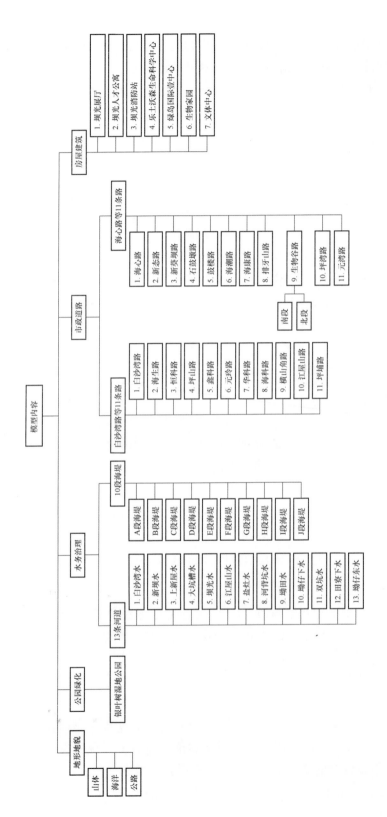

图 10 CIM 平台三维数据模型内容

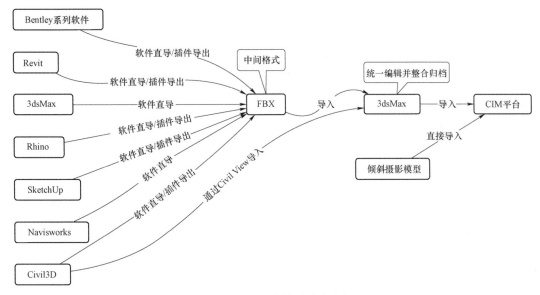

图 11　CIM 平台模型融合流程

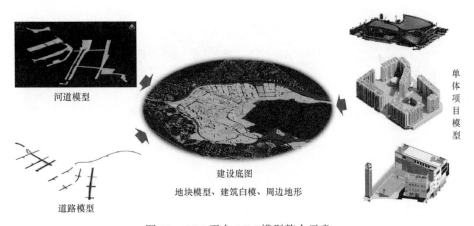

图 12　CIM 平台 BIM 模型整合示意

2. BIM 与 GIS 融合

CIM 平台针对倾斜摄影模型,采用了基于 GIS 系统的插件,实现了 OSGB(倾斜摄影模型格式)格式的模型无缝移植到 CIM 平台,最后在保证 GIS 坐标数据准确的情况下,叠加 BIM 模型,实现 BIM 与 GIS 在物理空间上的集成融合(见图 13)。

4.5　数据引擎技术

在数据处理方面,CIM 平台实现了多数据格式模型集成以及数据管理应用的广度和深度。目前平台上已兼容集成的模型格式有 IFC、RVT、NWD、DGN、Civil 3D、FBX、3Dmax,这几乎已经囊括现在 BIM 建模常用的所有软件格式。本项目为片区级应用,亦涉及各部门、类别、渠道不同类型的数据,且数据之间差异性较大,这已经满足大数据的基本特征——多源异构性。为避免过多"脏数据"对大数据平台的污染,本项目对于批量数据不直接将数据汇入 CIM 管理平台,而是单设一个前端原始数据资源池,在这里暂时存储前端流入的多源异构数据,供大数据平台处理调用,借助于数据管理平台的独特特性,可以很好地实现对多源异构数据的连通。因此,相较于其他已有产品的线状数据应用,本项目 CIM 平台通过多源异构数据连通处理实现了面状的数据应用,这体现了数据管理应用的广度。同时,由于对大量"脏数据"的有效处理,更有利于数据的聚焦应用,体现了数据应用的深度。

图 13   CIM 平台中 BIM 与 GIS 集成融合

4.6   图形引擎技术

在模型可视化方面,CIM 平台实现了园区级大场景模型漫游以及大小场景的无缝切换。采用 WebGL 技术的 B/S 架构轻量化引擎代表了目前先进的技术和方向,不仅能应用于 Web 端(即直接浏览器打开应用),也能应用于移动 App,是 BIM 应用市场的主流选择,而本项目选择的更是专为大场景模型处理而研发的,一款具有高性能数据处理的 B/S 架构轻量化引擎。同时,借助 BIM 模型标准化格式 IFC 的转换技术,得以实现 BIM 数据与 GIS 数据的无缝融合,并将融合成果应用于大小场景的无缝切换。

5   社会价值

5.1   应用价值

通过对试点项目的应用,已初步实现了项目进度的可控和项目成本的降低,并极大提高了坝光开发署对坝光片区整体协调管控的效率；

基于本项目的研究，组建了由坝光开发署、BIM 咨询单位和坝光各参建单位共同组成的坝光三级 BIM 实施小组，完成了坝光 BIM 人才梯队的建设；

通过 CIM 平台的规划信息查询与红线退让分析，使入驻企业直观知晓各用地的绿色节能指标，及时发现设计方案与红线冲突并调整方案，从根本上杜绝了因不满足环境指标或突破规划红线而造成的资源浪费、能耗和工期损失；

通过 CIM 平台中单项目的 BIM 小场景应用，从建筑的全生命周期角度出发，实现高效率的资源利用，降低运营成本，把对环境的影响降到最低。

本项目实施至今，已基本走通片区级 CIM 技术应用路径，为国内其他园区级项目 CIM 应用积累了成功实施经验（见图 14 和图 15）。

图 14　应用价值 1

图 15　应用价值 2

5.2 推广前景

目前，全国 100%的副省级以上城市、90%的地级以上城市，总计约 700 多个提出或在建的智慧城市，在智慧城市这一先行概念的引导之下，"智慧园区"的理念也进入了公众视野。无论是智慧城市还是智慧园区，其在信息化、互动发展和管理融合的过程中，都面临以下几点问题：① 以单点集成应用为主；② 注重运行管理单阶段应用；③ 数据支撑不足；④ 缺乏空间立体表达；⑤ 以硬件为核心，更多地强调传感作用；⑥ 数据采集单一，互联互通性不足。

本案例研究成果对于这几点问题有着非常好的突破和创新，也有非常好的推广价值。

1. 工作机制创新

通过互联网技术，提供了园区级多阶段 BIM 模型数据积累和共享的工作机制和技术手段和数据积累环境。

2. 服务手段创新

平台提供的在线规划验证、现场建设状态在线沟通等机制，减少了面对面沟通的要求，可以极大地节约政府业务主管人员的时间与各建设单位的时间，降低了专业问题沟通协调的难度，提升政府建设管理与服务水平。

3. 决策技术创新

平台基于 BIM 与 GIS 技术，融合了多源、多类型、多尺度、多精度的 GIS 与 BIM 数据，实现了园区级的高精度、高逼真效果仿真，建成了智慧园区的高还原度数字孪生模拟园区。该创新能力为园区规划设计与建设的决策工作实现了可视化决策、科学决策。

4. 数据复用创新

CIM 平台复用了倾斜摄影数据，基于倾斜摄影精准数据，自动生成园区级别大范围地形数据；复用了各类建筑的 BIM 数据，基于 BIM 数据，产生 CIM 平台园区级别所需的各个精度等级的仿真模型；复用了各项目建设管理数据，使得数据留痕，管理有据可依。

青岛中央商务区基于 CIM 的城市信息管理平台项目实践

广联达科技股份有限公司

1 建设背景

当前，以物联网、大数据、人工智能等新技术为代表的数字浪潮席卷全球，物理世界和与之对应的数字世界正形成两大体系平行发展、相互作用。数字孪生技术应运而生，基于数字孪生的新型智慧城市，成为当前智慧城市建设的创新焦点和最新发展趋势。

青岛市北区中央商务区是青岛市市北区集"一心、三轴、一带、两区"于一体的综合性商务中心，规划面积 9 平方千米，核心区 2.46 平方千米，核心区人口 5.4 万人，建筑面积约 500 万平方米，是青岛市政府确定的重点项目和现代服务业集聚区之一，力争 3～5 年内打造国家级 CBD 创新示范区（见图 1）。

图 1　青岛市北区中央商务区

同时，随着青岛市中央商务区人口、交通、产业、社会治理等城市发展管理日益复杂化，传统城市治理与运维发展模式不足以支撑未来城市的创新发展，迫切需要新的信息技术驱动发展活力，加快新旧动能转换，强化城市精准治理的新手段，提高城市治理

439

新效率。比如，中央商务区现有的智慧灯杆、视频监控、智慧停车以及楼宇经济等业务系统各自独立且数据离散，不能形成数据共享共用，对中央商务区总体运行态势和城市治理过程中的突发事件缺乏有效的机制手段。商务区内各种路灯、灯杆、井盖、广告箱等市政设施设备，需要大量巡检人员，人工成本较高、维护水平和效率较低，迫切需要新的智慧运维手段。

基于 CIM 的城市综合治理服务平台项目，青岛中央商务区以创建国家示范中央商务区为目标，基于数字孪生的新型智慧城市发展理念，以 CIM 城市信息模型为载体，以 CIM 城市综合治理平台为核心，集成和融合应用 BIM、3DGIS、物联网、云计算、大数据、AI 人工智能、机器视觉等新一代信息技术，探索实践青岛中央商务区基于 CIM 的城市综合治理创新标杆，整合 CBD 城市治理各类应用服务，汇聚各类要素资源，助推青岛中央商务区城市向精细化、智能化、人性化管理转型，为中央商务区打造基于数字孪生的智慧 CBD 奠定良好基础。

2 建设内容

2.1 商务区 CIM 城市信息模型构建

项目基于 BIM+3DGIS 技术，结合中央商务区实际现状及未来规划，依照用户提供的 CAD、图纸等资料及现场数据采集，对商务区核心区 2.46 平方千米范围内城区进行三维数字化建模；基于卫星影像底图，构建起包括地上、地下空间及建筑物、城市部件设施等在内的商务区 CIM 城市信息模型。

1. 商务区现状三维建模

对商务区已建成区域（约 2.46 平方千米）的城市建筑、交通设施、植被、重要园区部件进行三维建模（周边 5 平方千米的高清度影像）。依据《城市三维建模技术规范》，主要建模内容及模型精细度见表 1。

表 1 商务区建模内容及模型精细度

模型类型	模型精细度	备　注
地形模型	LOD2	应反映地形起伏特征和地表影像的模型
建筑模型	LOD4：精细模型	应精确反映房屋屋顶及外轮廓的详细特征
交通设施模型	LOD4：精细模型	应包含道路模型以及交通附属设施模型，应真实准确反映道路及附属设施的结构、尺寸、质地、色彩等特征
植被模型	LOD3：标准模型	采用简单几何树干模型和多面片树冠形式，真实准确地反映树木的形态、高度、分布、位置、种类及色彩等特征
主要园区部件	LOD4：精细模型	根据实际测量的物体尺寸和外业采集的纹理信息精细建模，应真实、准确地反映物体的各部位几何特征、样式、高度、分布、位置、质地、色彩及纹理等

2. BIM 建模

通过业主提供的 CAD 图、BIM 模型，对商务区已建成建筑，结合现场实际情况，新建/深化 BIM 模型，包括 BIM 建筑模型、BIM 机电模型、内装模型、景观模型、施工资料、运维资料、设备信息、监控信息、规范信息等图形及信息数据；按专业/系统、按楼层/区域、按构件/设备对模型进行拆分，并能展示所有构件的属性。

1）BIM 建模基本规定：统一单位和轴网；长度单位为毫米，标高的单位为米；为所有 BIM 和 GIS 数据定义通用坐标系。

2）建模依据：以建筑楼宇竣工图纸为数据来源进行建模；以变更后的图纸为主要数据来源进行模型更新。

3）模型拆分：当专业模型工作量比较大，需要多人协同完成时，需要对专业进行拆分，为了避免项目模型运行受到计算机性能影响，拆分的单个模型容量应不超过 30M，模型拆分规定如下：

按专业分类划分：项目模型拆分为建筑、结构、机电和幕墙外立面；

按楼层/系统划分：各专业模型需按楼层进行划分，机电各专业在楼层的基础上还需按系统划分；

按分包区域划分：根据施工分包区域划分模型。

4）建模方法。基于提供的建筑楼宇竣工图纸，采用逆向建模方法，实现 BIM 建模。模型数据都以文件方式存在，首先需要对其进行规整、格式转换、数模分离，并进行数据质量检查后，再将结构化的模型数据入库。其中结构化数据存储在关系型数据库，模型文件存储在对应的目录下，二者之间通过模型构件的唯一编码进行关联。其建库流程如图 2 所示。

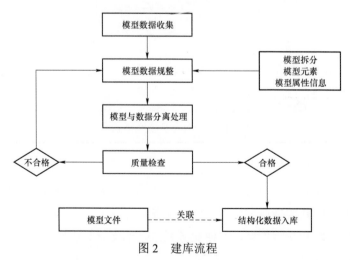

图 2　建库流程

在结构化数据入库后，将通过 ElementID 与对应的模型文件建立关联关系。在今后对模型构件进行属性信息查询操作时，可以依据 ElementID 从数据库中快速查询该构件信息。

3. CIM 数据处理

综合商务区地理基础信息 GIS、园区三维模型、BIM 模型、城市部件模型等数据进行合规性检查/修正，优化处理，统一数据格式与标准，实现这些二三维模型、数据的无缝对接以及公共资源、其他行业数据模型处理与集成入库，实现对各类模型数据的加载、查询与分析。

2.2 搭建 CIM 时空信息云平台

CIM 时空信息云平台是实现数字孪生智慧商务区的基础和关键。平台基于统一的标准与规范，以 2D/3D 园区 GIS 空间地理信息为基础，叠加园区建筑、地上地下设施的 BIM 信息以及 IOT 物联网信息，构建起三维数字空间的 CIM 信息模型，综合 GIS 平台的宏观大场景处理、空间分析以及 BIM 平台的微观局部复杂场景处理、三维图形渲染能力，为智慧商务区应用提供基础三维可视化平台服务，如图 3 所示。CIM 时空信息云平台包括平台服务/管理模块、BIM 服务模块、3DGIS 服务模块、业务集成模块和数据服务模块在内的五大基础功能模块。

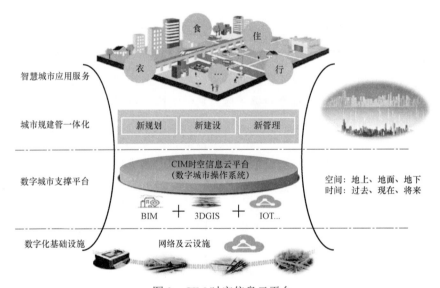

图 3　CIM 时空信息云平台

1. 平台服务/管理模块

主要针对上层业务应用系统的通用需求，平台提供常见通用 PaaS 服务，为业务应用系统提供标准化的开发接口和服务支持，节省系统资源、提高复用率，避免重复开发，加速业务子系统开发和功能扩展，方便业务系统之间交互、协作，方便数据共享和能力复用。同时也提供常见的系统 PaaS 服务。

2. BIM 服务模块

BIM 服务模块围绕 BIM 建筑模型数据的接入、数据处理、数据使用的需求进行建设，提供对 BIM 建筑信息模型数据的接入、处理、呈现等能力支持。

3. 3D GIS 服务模块

3D GIS 服务模块具备 2D/3D 一体的 GIS 数据接入、数据处理、数据呈现、特效渲染等能力，并可实现与 BIM 模型数据的无缝集成，支持从宏观地图到微观建筑内部细节部位管理构件的无缝衔接、流畅展示和调度浏览、检索、选择及控制。

4. 业务集成模块

业务集成模块具备对上层业务应用系统的业务集成功能，包括应用管理、业务集成门户、服务 API 注册/发布/管理等。

5. 数据服务模块

具备 IoT 数据接入、设备接入、视频数据接入、公共资源数据接入、数据搜索等数据服务功能。

2.3 业务应用系统建设

1. 开发建设

基于 CIM 平台，整合中央商务区总规、控规、历史卫片等时空数据，通过规划一张图实现集成融合、展示，为中央商务区开发建设决策提供一张蓝图支撑；同时，整合商务区内各重大项目工程建设视频监控和动态数据，实现对在建重大项目的进度、安全、质量等直观展示和综合管控（见图4～图6）。

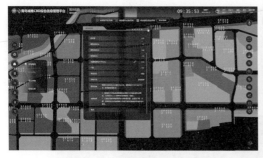 

图 4　规划数据呈现　　　　　　　　　　　　图 5　历史影像对比

图 6　建设项目管理

2. 楼宇经济

基于 CIM 平台，整合商务区入驻企业信息，结合楼宇 BIM，以三维可视化方式直观展示各楼宇入驻企业名称、企业信息、企业分布、产业占比、宇空置空间、招商情况、运营状况、存在问题等信息，并提供搜索工具和多维统计分析图表，方便商务区管委会掌握各楼宇招商和入驻企业情况，有针对性地制定招商扶持政策，如图 7 所示。

图 7　楼宇经济

3. 智慧交通

综合运用 AI+视频技术手段，自动识别进出中央商务区的交通车流数据，如车牌号码、车型特征、车身颜色、车辆类型等，并基于 CIM 平台，对获取的交通车流数据进行综合呈现，判断预警道路的拥堵程度，实现中央商务区交通预警和综合管理，如图 8 所示。

图 8　智慧交通

4. 数字城管

综合运用 AI+视频技术手段，自动识别中央商务区内道路开挖、车辆违规停放、占道经营、游商小贩、乱堆物料等城管违规行为，基于 CIM 平台实现城管违规事件告警（含抓拍图片）、核实、任务派发、结果反馈、核验等一系列处置流程，如图 9 所示。

图 9　数字城管

5. 市政部件综合管理

集成商务区内智慧多功能灯杆、视频监控、停车诱导等系统，基于 CIM 平台，实现路灯照明、环境监测设备、视频摄像头、LED 多媒体广告屏、停车诱导屏、公共广播等子系统设备的远程在线监测、数据可视化综合呈现、故障报警、超限报警等市政部件综合管理功能，如图 10 所示。

图 10　市政部件综合管理

6. 市政设施巡检运维

基于 CIM 和移动互联网技术，针对中央商务区路灯、灯杆、摄像头、井盖等市政设施设备，通过三维可视化模型、移动巡检 App、任务智能分派、人员自动定位、二维码等多种技术手段进行智慧运维管理，实现前后台工单信息、设备设施台账信息的快速准确流转，前端人员操作规范标准化，考核精细化，有效提高运维管理效率，降低人工成本 60%，延长城市部件设备设施使用寿命。

7. 智慧党建

基于 CIM 平台，实现商务区内所有党组织、社会组织信息的可视化展示，包括组织名称、文字介绍、相关图片和活动信息等；同时实现与"青岛中央商务区"公众号对接，显示近期公众号发布文章列表、商务区活动信息列表以及宣传视频列表等，点击可查看详细内容或播放相关视频。

3 应用情况

基于 CIM 的城市综合治理平台，青岛中央商务区项目进行了智能交通、市政部件、智慧灯杆、楼宇经济、党建及城市综治等业务系统建设和综合应用，实现对商务区各类系统业务联动、城市事件的实时监控、透彻感知、动态预警，实现了中央商务区全生命周期业务贯通。该项目的实施，实现了三大创新：

一是基于数字孪生理念的创新。整合规划成果数据、基础地理信息数据、3D GIS、BIM 等时空数据，构建起商务区 CIM 城市信息模型，搭建 CIM 时空信息云平台，初步构建起中央商务区"数字孪生"城市雏形，并基于 CIM 平台，打破信息孤岛，整合多方数据，进行了涉及规划、建设和管理全过程业务应用探索。

二是基于数字化技术的"三个一体化"模式的创新。空间一体化：以 BIM+3D GIS 为依托构建全方位城市信息模型（CIM），通过数字孪生的城市双体，构筑城市数字化基础设施。管理一体化：通过物联网、智能化、移动等技术实现管理业务纵向打通，数据实时互联。全程一体化：形成规建管一体化业务数据融通及动态循环更新闭环的一体化新模式。

三是规建管一体化城市综合治理举措的创新。项目首次尝试打通规划、建设、管理的数据壁垒，基于 CIM 平台，提供规建管一体化综合应用，同时积累城市数据资产，打造科学规划、高效建设和优质运营的新型智慧城市。

4 关键技术

4.1 城市信息模型

城市信息模型（CIM，City Information Modeling）将 BIM 对建筑完整信息数字化建模用于设计、施工、使用、维护全生命周期管理的概念，扩展到了城市领域。在空间范围和技术逻辑上，CIM 的建设是"大场景的 GIS 数据＋小场景的 BIM 数据＋物联网"的有机结合。已有的 BIM 技术对城市中各个建筑可以做到构件尺度的数字孪生，从而将建筑物的信息数字化；GIS 技术则能够对城市尺度上的地形地貌、土地利用等宏观空间环境特征和人群特征、信息资金流动等城市中无形的社会经济活动信息进行结构化、历时性的储存。而物联网技术通过城市传感器的广泛布设，一方面可以对 BIM 中建筑物的运营数据进行补充，更重要的是对交通流、大气水文等城市开放空间中的微观环境变化进行实时感知和收集。在全面收集数据的基础上，CIM 通过统一的数据平台将各领域不同维度的数据进行结构化、标准化整合。

4.2 物联网

物联网（Internet of Things）是一个基于互联网、传统电信网等信息承载体，让所有能够被独立寻址的普通物理对象实现互联互通的网络。它具有普通对象设备化、自治终端互联化和普适服务智能化 3 个重要特征。

在智慧城市领域，运用信息和通信技术手段感测、分析、整合城市运行核心系统的各项关键信息，对包括民生、环保、公共安全、城市服务、工商业活动在内的各种需求做出智能响应。智慧城市的实质是利用先进的信息技术，实现城市智慧式管理和运行，进而为城市中的人创造更美好的生活，促进城市的和谐、可持续成长。

5 应用效果

5.1 应用价值

相对于传统的智慧城市项目，青岛中央商务区基于 CIM 的城市综合治理平台项目，通过综合应用 BIM＋3DGIS＋IOT 等技术手段，在数字空间再造了一个与实体城市相匹配对应的数字虚体，将传统静态的数字城市升级为可感知、动态在线、虚实交互的数字孪生城市；以 CIM 三维城市信息模型为基础，通过集成接入各业务系统和数据，实现了整个商务区三维可视化综合管理和精细化治理，改变了传统依靠人工的作业方式，提升商务区城市治理和管理效能，降低人工成本，降费增效，延长设备使用寿命，实现资产保值增值。

1）通过一二期项目建设，实现了中央商务区内交通、市容环境、公共服务、产业经济等运行状态的实时监控、城市部件及运维事件的预测预警，为中央商务区综合治理与运维提供决策参考，提高了综合治理、预警和快速反应的能力。

2）通过移动巡检 App、任务智能分派、人员自动定位、二维码等多种技术手段进行城市管家的智慧运维管理，有效提高了运维服务的效率，降低 60%的人工成本，提升了城市部件设施的使用效能。

5.2　社会效益

本项目响应中央建设数字中国、智慧社会战略号召，贯彻落实数字山东、数字青岛建设要求，充分利用 BIM、3DGIS、物联网等数字化技术，打破信息孤岛，整合各种信息资源，实现商务区开发、建设、治理与服务全方位的数字化升级。

基于 CIM 三维信息模型，基于一张蓝图的数字底板，将园区规划、建设监管、运行管理、治理和服务进行有机融合，丰富创新园区业务管理模式，增强园区治理服务效能，提升园区品质和品牌附加值，打造园区高端品牌形象，有效赋能园区对外宣传和招商引资。

同时积累形成商务区大数据资产，建立城市数字化档案，可以更好地为政府治理、社会民生、产业经济、应急处置等提供有效的决策依据，服务智慧社会创新发展。

该项目的实施，是我国在基于数字孪生的新型智慧城市建设上的探索实践，将对国内新型智慧城市、数字城市的建设发展起到良好的促进作用。

深圳湾科技园区项目实践

深圳左邻永佳科技有限公司

1 建设背景

1.1 园区背景

深圳湾科技园区项目包括深圳湾科技生态园、深圳市软件产业基地、深圳湾创业投资大厦等 7 个项目，是深圳高科技产业创新发展的代表性园区。园区总建筑面积约 360 万平方米，以产城融合科技综合体为主要特征，可动态引进高新技术企业 1000 家，年产值超过 1500 亿元，税收超过 100 亿元。

深圳湾科技园区是由深圳湾科技发展有限公司（以下简称"深圳湾科技"）运营，深圳湾科技是深圳市国资系统专注于科技园区开发运营的创新型产业资源服务平台企业，作为深圳市投资控股有限公司旗下全资企业，承担着新时期服务深圳高新技术产业发展的重任，以"深圳湾"核心科技园区为标杆，复制和输出"深圳湾"品牌，实行标准化、品牌化、规模化发展，成批量打造具备复合功能和强大聚合力的"高新技术产业综合体"，形成产业创新生态链，有效解决深圳产业空间不足和高成本问题，提升深圳的全球科技创新资源配置能力。

1.2 发展目标

深圳湾科技园区希望建设一个智慧园区运营管理平台，实现园区各项运营管理服务的统一管理，给企业提供更优质的服务，从而打造园区产业创新生态系统。经过多方考察，深圳湾最终选定与左邻合作，打造 Mybay 智慧园区运营管理平台。平台建设目标和框架如图 1 和图 2 所示。

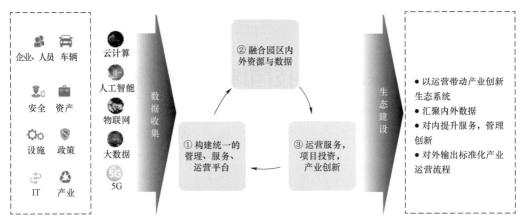

图 1 平台建设目标

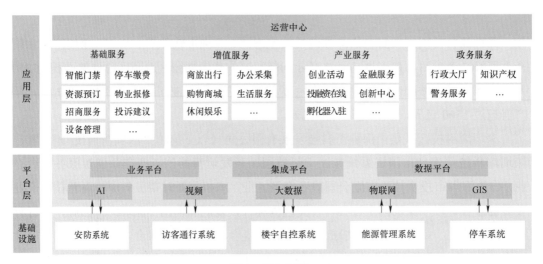

图 2 平台框架

2 应用情况

2.1 智慧管理

1. 资产管理

资产管理主要包括楼宇资产管理、商机管理、合同管理、财务管理等，如图 3 所示。

楼宇资产管理：系统管理空间资产相关数据，支持按门牌号、楼宇、项目进行检索，资产管理清晰。

商机管理：从房源发布到商机管理再到客户管理，系统定期提醒，商务人员定期跟进，客户信息完整。

合同管理：合同系统与台账系统打通，系统提前预警即将到期合同，系统根据合同信息自动发送相应账单和催缴信息。

财务管理：业务系统与财务系统数据打通，系统可实现自动对账，实现账实相符。

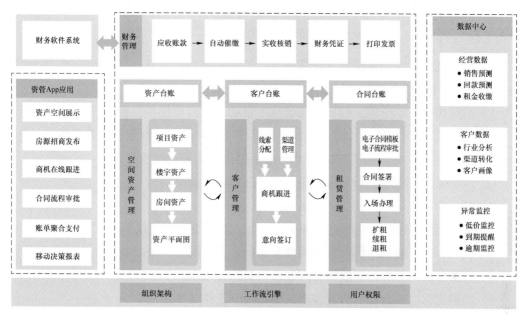

图 3   资产管理全景

2. 物业管理

智慧物业管理如图 4 所示。

图 4   智慧物业管理全景

1）物业报修。物业报修流程如图 5 所示。

一键报修	快速处理	后台分配	及时维修
用户一键报修	任务分类管理，快速查询与统计	后台直接指派维修人员	派维修人员接受任务，及时处理

图 5　物业报修

2）设备巡检。自动生成巡检任务提醒；巡检人员扫描设备二维码或拍照，记录自动上传；快速生成设备巡检内容表格。

3）品质核查。基于项目的日常巡检标准自动生成巡检任务；整改任务，生成检查的统计报表；管理员品质巡检并自动和项目管理绩效对接；后台查看任务详情。

4）综合巡更。统一标准，7×24 小时线上巡更，轨迹实时监控。

① 轨迹监控：实时查看项目当前巡更情况和历史情况；

② 统一标准：管理方统一制定巡更标准；

③ 线上巡更：移动端进行巡更签到，实现二维码签到和离线签到，告别纸质记录；

④ 杜绝作弊：随机拍照，方便管理和掌握巡更情况；

⑤ 数据分析：分析巡更线路合理性及人员执行效率；

⑥ 结果实时：后台实时查看巡更结果，提升工作效率。

3. 服务管理

扩展社群元素，丰富用户运营场景；整合企业服务资源，化整为零，按需购买；开放平台能力，接入第三方服务，覆盖更多服务场景（见图 6 和图 7）。

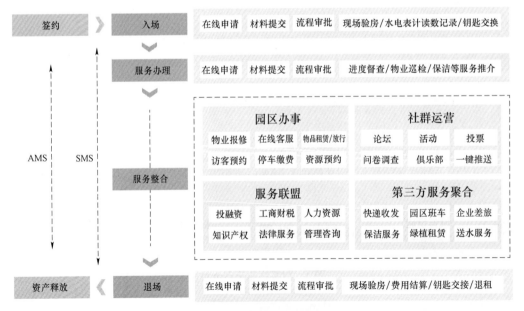

图 6　智慧服务管理全景

452

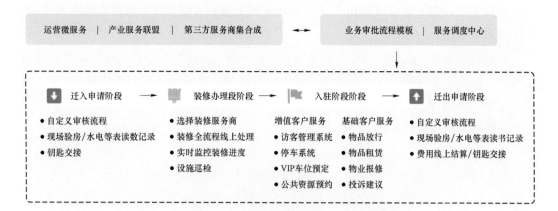

运营微服务 | 产业服务联盟 | 第三方服务商集合成 ←→ 业务审批流程模板 | 服务调度中心

↓ 迁入申请阶段 → 📦 装修办理段阶段 → 🚩 入驻阶段阶段 → ↑ 迁出申请阶段

- 自定义审核流程
- 现场验房/水电等表读数记录
- 钥匙交接

- 选择装修服务商
- 装修全流程线上处理
- 实时监控装修进度
- 设施巡检

增值客户服务
- 访客管理系统
- 停车系统
- VIP车位预定
- 公共资源预约

基础客户服务
- 物品放行
- 物品租赁
- 物业报修
- 投诉建议

- 自定义审核流程
- 现场验房/水电等表读书记录
- 费用线上结算/钥匙交接

图 7 企业入驻/退租全生命周期办事流程线上化

4. 办公管理

流程线上化：请假申请、加班申请、移动审批、共享日程、会议安排、任务分配等审批均线上化，随时随地进行申请、审批，高效快捷（见图 8 和图 9）。

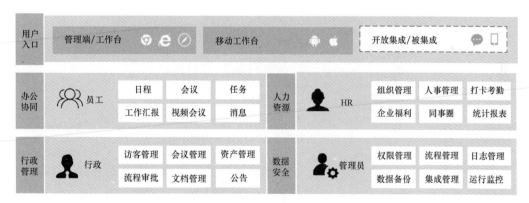

图 8 办公管理全景

图 9 移动办公

人员管理：GPS 定位或 Wifi 打卡，记录实时上传企业通信录，按需查看联系方式，工作联系更方便。

远程协同办公：远程协同办公可实现日程、任务、工作汇报联动，让日常办公更具条理性。通过左邻视频会议，可快速完成汇报及讨论，并进行会议纪要共享。

5. 应急防疫管理

园区应急防疫管理如图 10 所示。

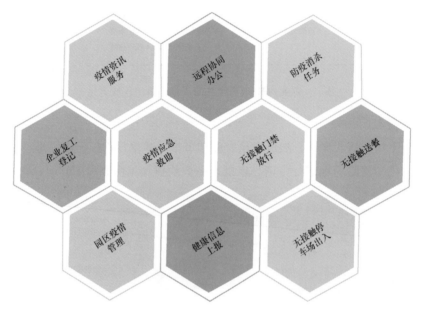

图 10　应急防控管理全景（园区 e 码通小程序）

1）企业复工登记。企业复工登记流程全部线上化，免去大量纸质表格的填写，进度透明化，"提报 – 审核 – 资料备份"三位一体。确保企业符合复工标准，逐一排查无遗留，线上审批提高复工前准备阶段的办事效率。资料信息全部留存备份，避免出现资料遗漏情况，方便随时复核。

2）健康信息上报。通行人员自行进行信息上报，系统根据上报信息智能判断健康登记并生成二维码。一张电子通行证，分为四类健康等级。紧跟专家最新研究，根据14 天内发热/咳嗽症状、14 天内旅居史等信息自动判定人员健康等级。在出入口，工作人员可进行快速扫描登记，实现高效通行。"健康信息上报"功能实现"无登记，不入园"，百分百核查园区的每一个人的每一次通行，最大化确保进出园区人员身体状况符合防疫需求。

3）疫情资讯服务。快速了解第一手园区防疫资讯。如最新疫情数据、患者同行、口罩攻略、免费义诊等。保障园区企业和个人及时获取疫情资讯，提高园区企业及个人的办公生活安全感。信息公开并快速传达，避免信息不对称造成不必要的恐慌。

454

4）园区疫情监管。通过园区防疫平台，可在电脑端工作台管理复工信息、查看人员出入记录等，实时了解园区疫情管控现状。同时，可通过手机端工作台展示通行和健康信息数据统计，通过标注异常进行疫情监控预警。

5）无接触送餐。提供标准餐、团餐预定，并提供统一配送，降低园内人员流动性，减少人员接触。此外，联动机器人，实现园区食堂无接触外卖配送。左邻永佳提供整套解决方案，半天可部署落地。

6. 应用价值

1）流程全部线上化。流程全部实现线上化，通过手机即可进行流程申请和审批，进度透明化。一方面提高流程审批效率，节约办公成本；另一方面，也避免了现场接触传播。

2）复工登记效率高。企业复工登记实现"提报－审核－资料备份"三位一体，确保企业符合复工标准，逐一排查无遗留，线上审批提高复工前准备阶段的办事效率。

3）实现一码通行。通过信息上报，系统自动生成一张电子通行证，快速扫描登记不阻塞，掌控通行人员健康信息，确保办公环境安全卫生。实现园区一码通行与通行人员信息管控。

4）实时信息发布。服务咨询公开透明，快速响应园区企业的信息咨询需求。此外，通过园区防疫平台可保障园区防疫咨询发布的及时性，展现园区防疫成果，提高园区企业及个人的办公生活安全感。

5）数据驱动防疫。疫情数据实时监控，管理方可及时掌握园区疫情进展。最新数据可为园区防疫措施提供更为客观的依据。实现以数据驱动防疫措施，根据实际数据快速调整策略。

6）快速部署落地。疫情当前，复工复产十分重要，疫情防控更不能放松。园区防疫措施快速落地，才能助力企业复工复产。左邻园区防疫平台可快速部署，根据各功能模块具体落地操作，最快可实现一天部署上线。

2.2 智慧服务

对于园区和楼宇来说，智慧服务主要分为智慧企业服务和智慧公众服务两大部分。其中，企业服务包括物业服务、办公楼宇环境、设备设施维护、企业团餐、政务服务、企业福利、政务服务、共享空间（收费）、共享会议室等面向企业提供的服务；公众服务则是直接服务于公众的服务，例如生活服务、社群服务、支付和营销服务等。

1. 企业服务

企业服务是园区和楼宇的智慧服务系统中的重要组成部分。

1）智慧企业服务全景。智慧企业服务全景如图 11 所示。

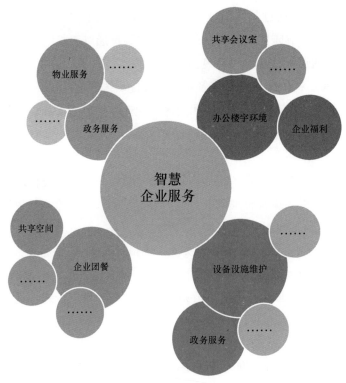

图 11　智慧企业服务全景

2）基础服务智慧化。园区和楼宇管理方会给入驻企业和员工提供大量的基础服务，包括物业服务、办公楼宇环境、设备设施维护、安全检查、物业服务、配套餐饮、员工通勤、人才住宿、共享空间（免费）等。实现基础服务的智慧化，助力园区和楼宇招商，已经成为许多管理方的需求。

物业服务智慧化可帮助管理方实现更快速的响应。企业和员工有需求，直接通过手机提起申请；系统后台派单到对应物业人员的手机上，物业人员根据申请需求，快速到达现场，为企业和员工解决问题，并将完成情况记录在系统上。企业和员工还可在系统上进行服务评价，监督服务质量。管理员可在系统后台查看物业服务的整体反馈数据，方便统一管控。

此外，员工通勤、人才住宿和共享空间等实现智慧化后，可进行线上预订、支付、开发票等操作，完成服务信息的快速对接，方便企业和员工快速查找到所需的基础服务，完善办公生活体验。

基础服务智慧化，可以将园区和楼宇打造成社区型企业办公圈和企业员工生活圈。为企业和员工提供工作生活便利，提高舒适感；为管理方提高管理效率，后台数据实现对各个服务工作流的监管，并可根据数据反馈进行优化调整。

3）增值服务智慧化。增值服务主要是指为给园区和楼宇管理方带来营收的服务，包括企业团餐、政务服务、企业福利、政务服务、共享空间（收费）、共享会议室等。

目前管理方在进行增值服务运营管理过程中，主要问题是无法打通服务与客户，从而无法通过增值服务为园区提供增值收益。

打通增值服务过程中每一环节对于形成收益都具有重要影响。以企业团餐为例，管理方在园区或楼宇智慧管理平台上增加企业团餐园区直送功能。联动园区内部或周边商家资源，形成本地商家线上化平台。针对企业团餐提供各类型优惠活动。然后物业人员以及送餐机器人承担运力，实现直送上楼服务。

企业团餐实现智慧化运营后，对于园区内的企业和员工来说，解决了外卖不能上楼的问题，就餐更为安全便利。对于园区商家来说，首先，减少市场上主流外卖平台的抽成；其次，更直接地接触到园区的目标客户。对于园区管理方来说，首先，为园区内的企业和员工提供了更好的服务；其次，给园区物业人员提供了新的收入来源，提高工作积极性；再次，成功激活园区资源，活跃园区营商环境；最后，通过广告营收等收益，实现园区运营增值收益，丰富园区管理方的营收来源。

企业团餐仅是增值服务的一个例子，还有更多类型的增值服务需要园区管理方进一步发掘。增值服务可以形成园区管理方、合作服务商和园区内企业、员工多方共赢。也是园区管理方在完善基础服务的基础上，寻求增值运营的发力点。

4）产业服务智慧化。产业服务是园区打造良好营商环境重要的一环，产业聚集与良好的产业服务往往是相辅相成的。产业服务主要包括产业交易平台、产业金融服务、产业共享物流、产业人才培训、产业数字化营销服务、协同设计与研发服务等。

智慧产业服务平台可以聚集产业服务商，同时，园区管理方可以进行准入审核，对产业服务商服务质量进行把关。因此，智慧产业服务平台，一方面，可以给园区企业直接提供服务选择；另一方面，管理方对服务商进行过滤后，可以给企业省去大量调研工作。此外，通过智慧产业服务平台，企业可以在平台上进行服务缴费和线上评价，避免因服务不满意而造成的费用损失。

智慧产业服务平台，可以让优质服务商更快对接到有需求的企业，也可以让企业减少寻找服务商的所耗费的时间和费用。对于园区管理方来说，也为园区营造了可持续发展的营商环境。

5）智慧企业服务平台的价值。基础服务、增值服务和产业服务是企业服务的主要组成部分，因此企业服务的智慧化也需要着重从这三个方面入手。智慧企业服务平台的建立，突破目前企业服务的痛点，并为园区管理方提高工作效率，形成增值收入点。

第一，聚集大量优质服务商。智慧企业服务平台发挥平台优势，为服务商和园区企业之间搭建桥梁，聚集大量优质服务商，为企业提供一站式服务。

第二，提供平台专属折扣。大量优质服务商入驻智慧企业服务平台，并为使用平台的企业提供专属折扣，减轻中小型企业采集服务时的价格担忧。

第三，甄选入驻服务商。服务商入驻平台，需经过相关服务资格和服务质量的考核评选，确保服务商质量。

第四，统一记录服务数据。后台将统一记录各类型服务相关使用数据，效率高，报表清晰明了，方便管理方统一管理并从数据报表中发掘新的增值收入点。

2. 公众服务

园区的智慧服务，除了企业服务还有公众服务。公众服务直接面向企业员工，针对

图 12　公众服务

个人提供服务。园区面向公众提供的服务主要可以包括生活服务、社群服务、支付及营销服务，如图 12 所示。

1）生活服务智慧化。在园区运营管理范畴，生活服务是公众服务的基本组成部分。生活服务涵盖员工生活的各方面，例如时令水果、食品饮料、旅行门票、汽车保险、租车服务等。然而，对于很多园区管理方来说，生活服务的运营基本只停留在线下活动合作。如何将生活服务转化为长期的智慧服务以及如何开展生活服务，这都是园区管理方正在探索的问题。

部分园区已经探索出生活服务智慧化的道路。例如，建设园区智慧运营管理平台，然后接入生活服务商家资源。管理方以园区资源为条件，与合作商家进行谈判，为园区内员工争取到低于市面的折扣。

深圳湾建设了 Mybay 智慧园区运营管理平台，与顺丰快递、曹操专车、维也纳酒店等商家谈下了园区专属折扣，并且必须在该平台上才可享受特殊折扣。这一举措，为深圳湾园区内的员工带来十分优惠的生活服务。此外，深圳湾管理方也可以从平台后台进行数据管理，从中发掘更多的增值商家，进而形成园区管理方的增值收益。

2）社群服务智慧化。由于上班族大部分的时间都在园区和楼宇中度过，会产生大量的社群服务需求。此外，促进社群活跃也是营造园区人文环境的重要一环，对于园区整体的可持续发展起到正面作用。社群服务主要包括园区话题、园区圈子、行业协会、失物招领、园区活动、园区拼车、兴趣团体等。

社群服务智慧化，可将原来依靠线下活动形成纽带的社群运营发展为线上线下联动模式。园区中的上班族可以快速在线上找到感兴趣的社群；管理方也可以与外部资源合作，丰富社群服务类型；线上资源可以直接与线下活动对接，打通服务闭环。

3）营销及支付智慧化。公众服务智慧化需要形成服务闭环，实现营销及支付智慧化必不可少。营销及支付在园区的公众服务中涉及众多业务场景：在线充值、账单查询、场馆预定、公寓预订、运动健身、洗车服务、餐饮消费、积分卡券等。

4）公众服务智慧化应用价值。生活服务、社群服务、营销及支付一起构成公众服务铁三角。公众服务智慧化建设可以给园区带来以下应用价值：

第一，统一公众服务入口，形成针对园区上班族的特有公众服务平台。

第二，园区内部社群服务可以线上化，方便上班族寻找感兴趣的社群，活跃社群

氛围。

第三，打通线上线下，形成公众服务闭环。

2.3　一码通

1. 一码通全景

一码通全景如图 13 所示。

图 13　一码通全景

2. 门禁

访客、门禁、闸机、梯控打通，面向常驻用户提供聚合通行权限的一码通小程序，面向访客提供轻量化的访客邀约小程序，如图 14 所示。

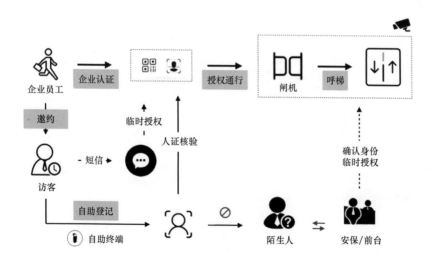

图 14　一码通门禁场景

459

3. 停车

用户在线办理停车月卡、预约访客车辆，强化园区服务品牌；统一收费，跨系统聚合停车流水，缓解对账压力，如图15所示。

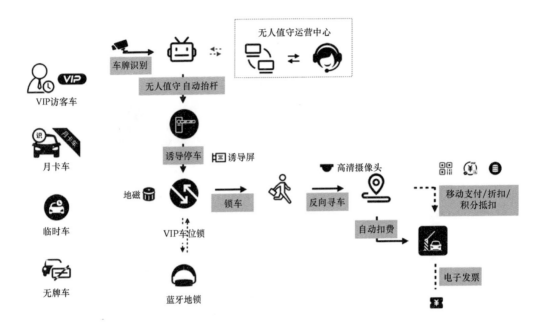

图15　智慧停车系统场景

4. 食堂

覆盖在线选餐、餐线收银、平台秒杀等餐饮运营工具，搭配消费积分进行服务推广，如图16所示。

图16　智慧食堂

5. 支付

支付系统如图 17 所示。

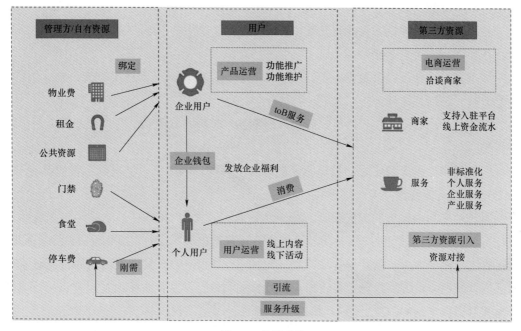

图 17　支付系统

6. 价值及效果

一张电子卡：门禁卡、停车卡、食堂卡，不同业务只需要手机即可畅行；

充值方便：园区内实现在线充值，从空间和时间上提升效率和体验；

管理有效：园内人员及访客通行、消费等数据一目了然。

2.4　智慧园区大脑

1. 智慧园区大脑概念

智慧园区大脑是指在园区发展过程中，充分利用物联网、互联网、云计算、人工智能等高新技术，对园区员工生活工作、企业经营、园区管理过程中的相关活动与需求，进行智慧感知、互联、处理和协调，使园区构建成为一个智慧化运营管理的生活和工作环境。

建设智慧园区大脑，需要在技术上实现充分感知、充分整合协同运作和智能处理。

2. 运营大数据统计

运营大数据统计涵盖园区运营的各方面，包括园区收入、智慧社交、资产管理、智慧把弄、智慧能源和智能门禁等数据。

园区收入：精准盘点，一手掌握各项经营数据、租金、停车费、物业费、订单分布情况等。

智慧社交：实时掌握用户动态，描绘用户画像；园区注册用户、活跃用户、帖子数、活动参与情况等。

资产管理：园区资产智能化管理，快速了解资产现状；园区产值、税收、入驻企业数、在租面积、企业名册等。

智慧办公：智慧办公数据一览，提升服务质量；装修、迁入迁出申请、物业报修、物品放行、最新代办任务等。

智慧能源：数据采集和分析，能耗管理创新；总耗水耗电数、月度用水量、用电量分析等。

智能门禁：人流量实时监控，园区动态心中有数；园区出入情况、访客情况等。

3. 实时运营监控

通过各个功能模块的数据统计，统一到智慧园区大脑 OCC 中。数据经过系统后台进行可视化分析处理，可按照各功能模块进行运营数据展示。例如招商租赁、园区企业、园区收入、园区客服、智慧停车等模块（见图 18 和图 19）。管理员可在后台实时监控园区运营状况，系统后台设定警告值，一旦检测到数据异常，系统会发起警告。管理员根据智慧园区大脑 OCC 的反馈，快速做出响应。

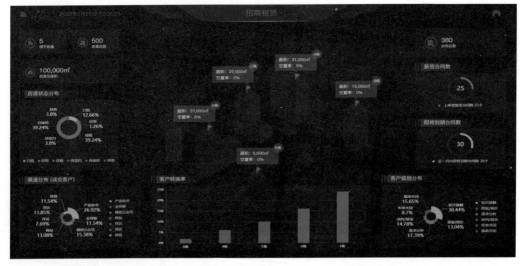

图 18　园区智慧大脑 OCC——招商租赁

例如，智慧园区大脑 OCC 发现外人闯入边界，直接发起系统警告。管理员直接调用摄像头，判断现场情况。如情况属实，马上联系附近保卫人员到达现场进行处理。

4. 智慧园区大脑应用价值

对于园区的运营管理，智慧园区大脑具有以下几方面的应用价值：

第一，提高管理效率，减少人力成本；

图 19　园区智慧大脑 OCC——园区企业

第二，根据智慧园区大脑分析出来的数据，可以提高决策科学性，形成园区管理运营良性发展；

第三，可从数据中，发掘新的增值运营点，拓展园区管理方运营思路。

3　关键技术

3.1　自研运营管理平台

左邻以自研运营管理平台为基准，联合行业优质合作伙伴，为客户提供端到端的运营管理解决方案，覆盖综合管控（公共安全、设备设施、能源能耗）、业务经营（资产管理、招商、租赁、物业、办公）和创新服务（电商、营销）全场景，并支持构建统一的运营指挥中心（OCC）来满足跨区域混合业态的集中运营管理诉求，为城市空间运营管理提供一站式运营管理平台，实现一站式管理、一站式服务和一站式入口。

3.2　"54321"技术框架

解决方案业务能力主要由以下平台及子系统来承载：

5 个子场景解决方案，即人员通行、车辆通行、设施巡检、能源管控、综合巡更。

4 个云端业务子系统，即空间资产管理系统、物业管理系统、服务管理系统、企业办公系统。

3 个平台能力包括大数据、物联网、云计算。

2 个定制子系统：营销管理子系统、运营指挥中心 OCC。

1个一码通子系统：一码通是面向最终 C 端用户的入口。

4　社会价值

MyBay——"智慧大脑"重塑园区生活。园区中的企业和员工通过 MyBay 平台与园区管理方联系更为亲密，管理方能更快速地相应企业和员工的需求，促进了园区自有资源的活力，进而促进园区内及周边经济活力（见图 20）。

图 20　MyBay

4.1　打通信息孤岛

改变传统园区工作与生活"状态"去掉线下低效的沟通环节。采用统一的平台，将园区内的空间资产管理、物业管理、服务管理、办公管理、企业服务和公众服务等一系列功能应用统一运营管理，打通各个系统的数据，实现信息联动，提高管理效率和决策科学性。

4.2　塑造园区 style

MyBay 平台功能丰富、操作简单，形成多元化、多层次服务模式。通过平台的功能服务，培育用户使用习惯，增加园区企业、员工和园区资源之间的黏性，形成园区特色服务。

4.3 联动专业资源

发挥平台集聚效应，聚集园区及周边资源，从而打造服务生态链，提升产业运营与服务水平。

4.4 数据沉淀

通过一系列服务，形成数据沉淀。经过后台分析处理后的数据，可反向优化园区运营，为进一步产业升级提供支撑。深圳湾上线 MyBay 园区智慧运营管理平台后，取得卓越成果。例如，公共资源预定系统上线一个半月，流水达到前一年总和；疫情期间新上线的企业团餐功能，日流水超 6 万元；智慧停车功能上线，月流水超百万元，如图 21 所示。

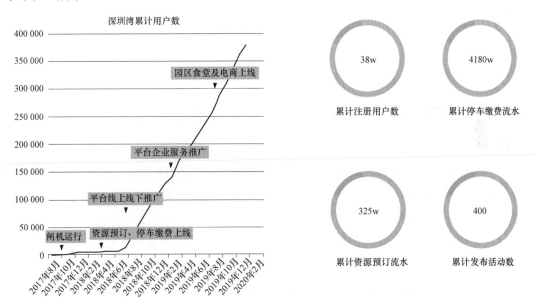

图 21　园区智慧运营管理平台使用效果部分数据

（由深圳湾科技提供，数据统计截至 2020 年 3 月 1 日）

连云港高新区科创城智慧园区运营管理平台实践

紫光建筑云科技（重庆）有限公司

1 建设背景

为全面贯彻党的十九大精神，以习近平新时代中国特色社会主义思想为指导，全面落实国家"一带一路"建设和推进连云港建设"一带一路"交汇点核心区先导区的部署，坚持"高质发展、后发先至"主题主线，推进大数据、人工智慧、物联网、移动互联网等新一代信息技术与园区建设、产业发展、管理服务深度融合，提升连云港科创城智慧园区发展水平。建设智慧园区是争创发展新优势、促进园区全面升级的重要战略举措。产业新城是国内各类智慧园区转型升级的最终目标，通过各类智能设备不仅提升园区吸引力，而且促进园区可持续发展，给予了战略性发展的基础，顺应信息技术创新与应用趋势。

一是智慧园区建设是大势所趋、时代要求。随着国内智慧城市建设步伐的不断加快，党中央和国务院也更加注重智慧园区的建设与发展，颁布了多项政策推进智慧园区的建设，国内更多的各类型园区投身于园区的智慧化建设中。

二是智慧园区建设是转型升级、提升竞争力的需要。以服务和方便增强竞争力，以共享和节约提升吸引力，促进园区可持续发展，给予了新兴产业发展的基础，顺应信息技术创新与应用趋势，这是传统产业园区所不具有的。园区发展已进入转型发展的关键时期，必须切实摆脱原有发展方式的路径依赖，通过核心竞争力的构建，争取在新一轮发展和竞争中脱颖而出。

三是智慧园区建设有较好的产业基础也是企业愿望。企业有成功参与智慧城市建设的经验等，部分企业有智慧园区建设的系统装备和平台并且有展示自己产品和研发成果的强烈愿望，园区从业人群以朝气蓬勃的年轻人、科技研发的高素质人群为主，对智慧的需求、应用更适应，对智慧园区的需求更迫切。

四是智慧园区建设有了一定设施基础和平台资源。目前，园区信息类管廊管线、光纤光缆基本建成，运营商接入基本到位，园区部分信息化基础设施投入使用，大数据中心即将建成使用，为智慧园区建设积累了经验和基础。

连云港科技创业园位于连云港国家级高新区产业园，总占地面积 530 亩，规划建筑面积 68 万 m²。科技创业城集创新型企业孵化、软件开发、成果展示、高级人才集聚等功能于一体，是连云港市科技产业孵化基地、科技展示基地、双创基地，目前已入驻企业 200 余家。

2 建设内容

2.1 平台架构

连云港智慧园区的建设主要依托连云港大数据中心，通过紫光智慧园区"天工空间数字平台"，融合现有系统，打造基于空间管理的智慧化，实现长期演进，为客户提供高效、灵活的端到端解决方案。整体建设理念为 1 云，1 网，1 平台，1 门户，1 体系，N 个智慧化应用，实现基于空间技术的全面可视化，如图 1 所示。基于以上理念，建设领导驾驶舱、园区门户作为园区的统一展示层，建设智慧安防、智慧消防、智慧防疫、能源管理、园区一卡通、招商三维管理、物业管理等智慧化应用。

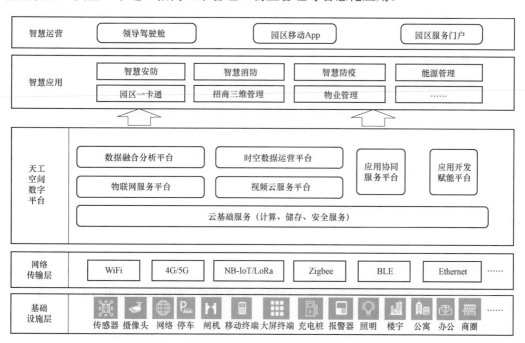

图 1 整体架构

2.2 系统功能

1. 招商三维管理

建设园区三维数字孪生体，融合园区地理信息数据、BIM 数据及各层信息采集，以数字孪生体为园区运行信息集成展示载体，实现园区数据资源的管理和可视化展示，并逐步实现各系统的协同运转与管理，从而形成智慧园区自我优化的智能运行模式。

基于数字孪生体的招商三维管理，即是园区三维管理的典型应用，如图2所示。

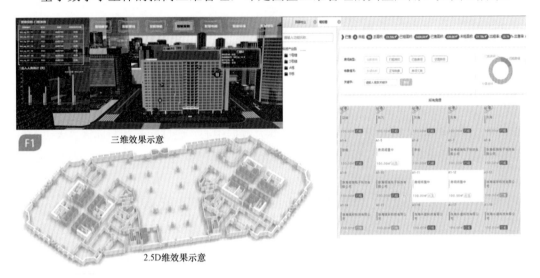

图2　可视化招商

2. 物业管理

智慧物业由智慧物业管理平台、园区App端、物业服务App端三大模块互联组成，促进物业公司维修快速响应、资源优化配置、监管高效运行，如图3所示。

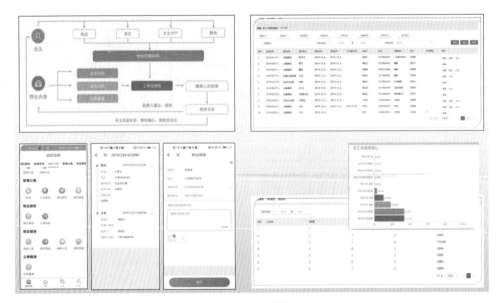

图3　物业报事管理

园区内的智慧公寓管理，实现公寓订单、公寓房间房型、在线开锁、日志管理等公寓管理功能，如图 4 所示。

图 4 公寓管理

3. 智慧安防

通过一套统一的综合管理平台，将不同功能的安防子系统进行系统融合，可实现对各类系统监控信息资源的共享和优化管理，具有对各子系统进行数据通信、信息采集和综合处理的能力，可生成优化管理所需的相关信息分析和统计报表（见图 5）。

图 5 视频综合安防平台

视频监控是安全防范和生产监控体系的基础，通过视频云服务平台的搭建，可有效对各区域实行实时监控，整个安防监控系统的重点在于对人员、车辆、物品、产线、道路等的实时监控（见图 6），防患于未然。

图 6　视频安防监控体系

4. 智慧消防

主要包括基础资源管理、消防巡检、消防大数据（见图7）、消防地图、微型消防站管理、物联网监测（见图 8）、全民消防和预案管理八大业务系统，可有效提升消防管理效率，提高园区安全防范能力。

图 7　消防大数据平台示意

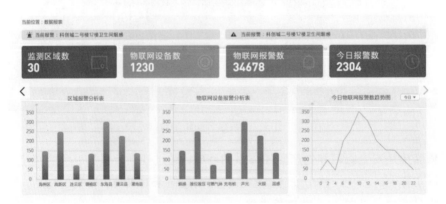

图 8　物联网数据接入统计分析

5. 智慧防疫

基于紫光云的疫情综合管理平台，实现对园区现有物业系统、智能防疫系统、其他智能化系统，智能防疫 App 的统一数据接入和融合。

使用 UPlus 智慧园区 App 进行人员信息录入，快速生成二维码，实现人员在线、离线场景下，信息无接触登记，如图 9 所示。

图 9　防疫管理

6. 能耗管理

能耗管理对园区内建筑主要用能区域和重要用能设备的状态参数进行实时监测，一旦实际运行数据超出正常区域范围，则自动进行超标越限报警；支持为建筑各用能区域和设备的耗能量设置不同周期范围内的定额用量标准，一旦检测到实际用量发生超标，则自动进行超标报警，如图 10 所示。

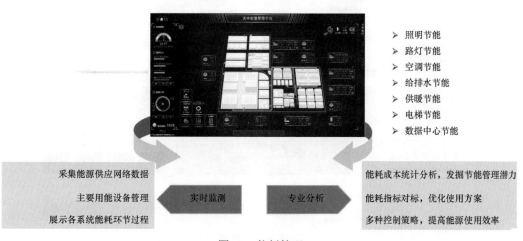

图 10　能耗管理

7. 园区一卡通

园区管理人员、入驻企业以及访客等，凭借一张代表个人身份的智能卡，就能够实现在园区内的身份识别、停车场管理、消费支付服务、门禁管理等一卡通功能，如图 11 所示。

图 11　园区一卡通

8. 园区公共服务门户

面向智慧园区场景量身打造的园区公共服务门户和移动 App 门户 UPlus，整合平台资源、园区本地资源和园区外围资源，打造园区服务资源池，一个轻便的手机入口便可链接丰富的园区（社区）服务与资源，为园区、企业和个人提供全面的智慧管理、智慧工作和智慧生活服务，如图 12 所示。

图 12　园区公共服务门户

园区门户个人主页包括信息发布、待办事项、日常安排等功能。

园区概览集成了物业管理、项目管理、招商管理、能耗统计、通知公告、园区咨询等常用功能，如图13所示。

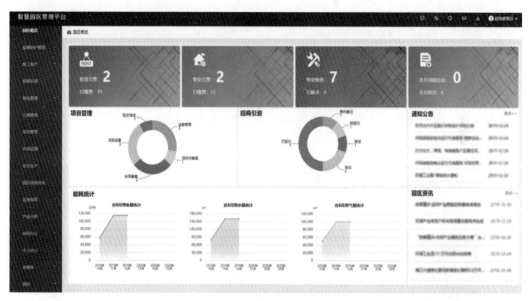

图13 园区公共概览

9. 园区综合态势管控系统

提供园区运营态势的整体感知，提供园区运行情况的整体可视化呈现，为园区管理者和业务运营人员提供全局视角，园区整体态势呈现，为重大突发事件处置提供全面的业务和数据支撑，如图14所示。

图14 园区综合态势

产业综合态势包括全区概览、专题分布、企业概览、企业清单、地块清单以及决策参考、板块分析、企业档案、专题分析、企业综合评价，如图15所示。

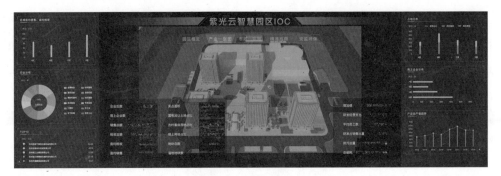

图 15　产业综合态势

　　智慧园区综合态势，其核心就是使园区主管部门具备实时、准确的情境意识，实现先进的园区安全集成，如图 16 所示。

图 16　安防综合态势

　　综合统计显示园区内设备设施使用情况，包括可用率统计、维修工单的统计等情况，主要功能包括设施运行、数字化巡检、数字化维养，如图 17 所示。

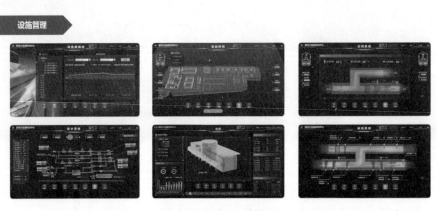

图 17　设施综合态势

接入园区内楼宇及企业水电气、空调运行数据，进行能耗趋势分析、区域能源在线动态监测，辅助管理者实时了解园区能耗状况，为资源合理调配、园区节能减排提供数据支撑，如图18所示。

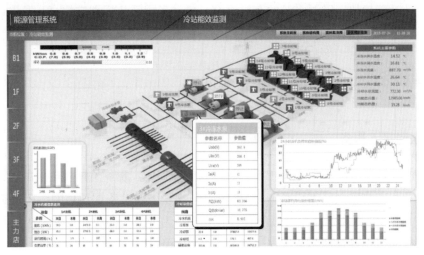

图18　能耗综合态势

3　应用情况

本项目以智慧科创城为试点，在信息化基础设施、园区管理和服务、创新型企业集聚等方面同步"上台阶"，将连云港高新区科创城打造成港城科技创新发展新高地。

从科创城智慧园区可见的效果看，本项目的实施，实现了高新区业务和数据全汇聚，决策分析更直观，产业升级，推进高新区跻身国家创新型特色园区行列。

一是园区全景式精细化管理的实现。园区综合管理服务综合系统集合消防、安防、能耗等综合监管和涉及经济监测、企业评价和楼宇经济等运行监测功能，全方位整合政府、园区和企业数据，提升数据挖掘深度，实现园区的全景式精细化管理，为科创城产业快速集聚提供抓手。建立智慧充电桩、智慧路灯、无人超市、人脸识别等先进设施，提升园区管理效率和品牌形象。

二是企业全生命周期管理、服务与生态评估。智慧科创城紧密围绕企业这一园区运营核心要素，整合优化园区管理、业务流程，实现对企业商机、入园、综合服务提供及后续跟踪等在内的全生命周期管理，并通过扩展接口，实现与专家服务、人才、政策、技术转化、法律、投融资等公共服务的无缝对接，并据此建立起了科学、详实、动态的企业数据库和企业生态评估系统。为企业提供了优良的创新、发展环境，消除企业发展的后顾之忧，并为园区产业发展提供支撑。

三是打造连云港特色的示范应用，形成创新型的产业生态类。依托园区入驻企业和招商相关企业，在物联网、大数据等新兴产业方面，依托物联网公共服务平台，带动相关创新企业发展，形成创新产业集聚和发展。

四是园区可持续创新体系的实现。以管理理念创新、服务内容创新和经营模式创新为目标的各功能模块、资源系统的有机组合，建立起园区从规划定位、开发建设、招商客服、经营分析、决策提升的全程可持续创新体系。

4 关键技术

4.1 物联网接入服务

物联网接入服务能够兼容多种不同的网络传输技术，兼容多种终端设备（包括物联网终端设备和非物联网终端设备），具备完善的物联终端设备管理功能，支持多种物联终端设备、连接、数据的集中管理和标准化处理，为智慧空间各相关业务应用系统提供集中的、标准的设备管理服务、连接管理服务和数据服务。

物联网接入服务核心能力包括：

1. 设备管理

设备管理模块提供快捷方便的设备接入方式，支持几乎所有的主流物联协议，并可根据感知层的具体情况自由选择需要的协议。数据上报使用了间断式连接，大大降低了设备上的代码足迹及数据带宽和流量。支持基于 TCP 连接的定制物联协议，通过植入 SDK 的方式和感知层设备对接，SDK 支持 C/C＋＋，Java 语言等。

2. 规则引擎

规则引擎通过灵活的设定规则，将设备传上平台的数据，送往不同的数据目的地，例如：时序数据库、Kafka、对象存储等。以达到不同的业务目标。

通过规则引擎的使用，可以实现下列功能：

1）设备属性更改时给应用端发送消息。

2）当终端设备测量值超过一定阈值时，会产生报警。可根据规则，将终端测量数据转发到时序数据库，消息队列，http 目的地，关系型数据库，文档数据库，列式数据库等。

3）支持可视化规则流程配置、支持 DSL 化的节点规则描述、支持消息按不同规则过滤（按 topic、按设备名称、按数据域等）、支持事件触发（邮件、短信）、支持 mongoDB、Redis、MySQL、支持消息归档等。

4.2 应用协同服务

应用协同服务通过为空间内的各类型应用系统构建标准化的业务模型，将系统开发经验沉淀为可复用的行业知识，使用这些业务模型可以快速高效地创建可持续迭代优化的运营模型实现面向管理者的空间智能化运营，以及构建场景化的应用联动规则实现面向公众的个性化服务，有效降低服务创新的技术门槛，提升空间的互联性、智能性和自主性。

应用协同服务核心能力包括：

1. 业务模型

业务模型是针对某一具体业务所需的功能，定义的一套接口及消息标准。具体业务应用能力提供者可以通过具体产品和系统来提供对某一业务模型的实现。业务模型可以屏蔽不同外部能力提供者的接口差异，对上层应用开发者提供统一的业务控制逻辑和数据格式，提升应用的可复制性。

2. 智能场景

智能场景规则可用于自定义特定场景下多个应用系统之间的联动规则和执行动作，功能包括：规则要素管理、智能场景规则模型管理、协同规则引擎、规则执行调度、规则执行监控。

3. 运营模型

运营管理模型支撑空间运营方基于整合的数据设立行之有效的空间运营管理标准，通过量化指标识别机会点，并进行针对性的改进与提升，功能包括：业务运营模型管理、运营决策引擎、运营模型监控。

4.3　视频云服务

视频云服务对智慧空间内的所有接入摄像机进行统一管理，整合视频资源，提供统一 API 接口服务上层的综合安防等智慧应用，隔离视频监控平台的变动对综合安防等智慧应用的影响。

视频云服务核心能力包括：

1. 视频管理

视频管理提供实时监控、云镜控制、录像存储、电子地图、电视墙、告警联动等功能满足基本监控需求外，还提供多级多域管理、逐级转发和外域转发等高级功能。

2. 视频智能分析

根据智慧空间的场景化需求，通过接入监控摄像头视频流，利用人工智能视觉分析技术，实现自动人脸识别、车牌检测等场景需求，可以减少空间运营管理人员的工作，节省人力。

面向智慧空间的视频分析服务至少应专注于视频内的人、车、行为三个领域：对人的分析，包括人脸、人体等各种属性；对车的分析，包括车辆检测、车辆属性、车牌检测与识别等；对行为的分析，包括打架斗殴识别、安全帽识别等；同时，针对人、车领域，进一步拓展了流量统计、行为检测等。

智能视觉分析采用边云结合的架构，充分结合边云各自的优势，通过在边缘侧的视频预分析，实现空间内视频监控场景实时感知异常事件，实现事前布防、预判，事中现场可视、集中指挥调度，事后可回溯、取证等业务。

4.4 时空信息服务

时空信息服务通过空、天、地面、地下等各层面的数据采集设备，实现对园区内对象的全要素数字化建模，以及对园区运行状态的充分感知、动态监测，形成线上虚拟园区在信息维度上对实体园区的精准信息表达和映射。

时空信息服务核心能力包括：

1. BIM 引擎

提供对 BIM 建筑信息模型数据的接入、处理、呈现等能力支持，包括：

（1）文件格式解析，能够解析各类常见工程图纸和模型，并能通过功能扩展的方式持续支持新的数据格式。

（2）支持基于不同格式 BIM 模型数据的集成、转换、轻量化简；用户能够在浏览器中流畅进行查看模型、测量尺寸、剖切截面、漫游浏览等操作。

（3）支持云部署方式与离线部署方式，支持海量异构数据在云端存储。同时支持离线数据包部署在本地的服务器中，加载模型时直接从本地的服务器上提取数据。

2. GIS 引擎

提供二三维一体化的 GIS 数据接入、数据管理和呈现能力，包括：

（1）2D/3D GIS 地理信息的基础地理数据集成、数据分层展示，能够支持 3D GIS 数据的集成显示。

（2）支持与 BIM 模型数据的集成，支持从宏观地图到微观建筑内部细节部位管理构件的无缝衔接、流畅展示和调度浏览、检索、选择及控制。

（3）支持基于 Web 端的模型特效渲染，以增强模型的表现能力，满足业务应用需求。

4.5 大数据分析服务

大数据分析服务通过离线、实时的数据分析，可以及时监控园区空间内各个业务系统的建设以及运营情况，给园区运营管理者提供有效的数据抓手。不但可以将历史数据提升为各类服务接口，实现数据共享，也可以将实时联机服务实现封装，提供统一的数据服务，实现业务系统数据交换和数据开放共享，从而快速构建各类数据分析型应用以及联机类应用。

大数据分析服务核心能力包括：

1. 数据融合能力

数据采集层要提供各类数据采集的能力，它能够提供各种异构数据之间互访、抽取和转换，并通过消息传输系统之间的交互操作，进行实时的数据集成。并能够提供统一的 API 注册、发布、调用、监控管理能力，实现数据的服务化。

2. 数据治理能力

各类数据来源于各个业务系统，只有建立对数据质量的信任，才能放心使用。因此，对采集的数据进行数据的清洗、转换、加载，一方面保障采集的数据能正确、完整、规范地加载到目的地；另一方面，实现数据整合过程中的异常处理机制，如：处理传输异常、数据加载异常、数据结构与质量异常等。

3. 数据可视化能力

通过丰富的二维图表组件、GIS 组件等，实现各种各样的数据可视化场景，并提供绚丽的图形界面效果，使信息展示更具体、形象，决策更高效、直观。

4.6 云资源服务能力

云资源服务由基础服务、平台服务以及应用市场三部分组成。基础服务除了涵盖计算、存储、网络、安全四大部分以外，还提供了云监控服务，对租户资源的使用情况、业务的运行情况能有较直观的呈现。平台服务提供了行业软件、数据库、开发测试、人工智能、物联网等类型的服务，能够满足高新区科创城管委会及企业的相关诉求。

5 社会效益

本项目响应中央建设数字中国、智慧社会的战略号召，贯彻落实连云港建设"一带一路"交汇点核心区先导区的部署，秉持"科创城试点见成效、高新区拓展再提升、新产业集聚大发展"的工作目标，结合区域实际和发展阶段特点，把握科创城的发展规律，按照"协同创新大平台、科技创业主阵地、新兴产业增长极"的发展定位，坚持"有所为、有所不为"，聚焦有限目标，集中优势资源，扶优培强领军型企业，大力发展高新技术产业，不断优化创新创业生态，培育形成有竞争力的特色产业集群和创新集群。努力担负起引领产业技术发展、提升自主创新能力的国家使命。深入推进体制机制创新，在先试先行中争创新优势、实现新跨越，进一步增强高新区的高端聚集、示范引领和辐射带动作用，争当高质发展先行区，打造后发先至增长极。

该项目充分利用大数据、人工智慧、物联网、移动互联网等新一代信息技术，将园区建设、产业发展、管理服务深度融合，丰富创新园区业务管理模式，增强园区治理服务效能，提升园区品质和品牌附加值，打造园区高端品牌形象，有效赋能园区对外宣传和招商引资，提升了连云港科创城智慧园区发展水平。

该项目的实施，是智慧园区"善管理""智服务""兴产业"三大发展理念的探索实践，将对引领园区网络化、数字化、智能化建设方向，变革园区在数字经济新时代的发展模式与路径起到良好的促进作用。

基于 CIM 的园区智慧运营应用实践

青岛城维运营管理有限公司
广联达科技股份有限公司

1 建设背景

中国广电·青岛 5G 高新视频实验园,是国家广播电视总局与山东省、青岛市合作,通过政府引导、部省市三方共建的形式,在青岛西海岸打造的示范园区。山东省委常委、青岛市委书记王清宪指出,要紧紧抓住 5G 高新视频实验园区落户青岛重大机遇,按照国家广电总局和省委、省政府要求,发挥园区特色优势,加快集聚整合资源,全力打造具有示范引领作用的世界级 5G 高新视频产业集群高地,为山东加快新旧动能转换、广电行业转型升级和数字中国建设作出青岛贡献。

当前,以 5G、VR、AR、人工智能、大数据、物联网为代表的新兴技术得到日益广泛的应用,园区需要在运营智能化方面进一步深化运用这些先进技术,提升运营服务水平,开创园区运营、管理、维护新模式。

根据园区需求,青岛城维运营管理有限公司和广联达科技股份有限公司深入探索,建设了 5G 高新视频实验园区智慧运营平台。基于数字孪生的新型智慧园区发展理念,充分发挥园区 5G 网络覆盖的优势,以 CIM 平台为载体,集成和融合应用 BIM、GIS、物联网、云计算、大数据、AI 等新一代信息技术,整合园区各类应用服务,汇聚各类要素资源,助推园区向精细化、智能化、人性化管理转型,为打造基于数字孪生的智慧园区奠定良好基础。

2 建设内容

园区运维平台建设包括底层 CIM 时空信息云平台、信息监控平台、运营服务平台三个板块。

CIM 时空信息云平台作为数字园区的操作系统,是数字化时代的园区数字基础设施,基于平台可构建涵盖地上、地面、地下,过去、现在、将来的全时空、全尺度的园区信息模型,形成园区数字化档案,积累园区数据资产,从而可以更好地为安防治理、产业经济、应急处置等提供有效的决策依据。基于 CIM 时空信息云平台可以集成智慧园区的各项资源服务，支撑园区安防、交通、能耗、消防等垂直应用，服务智慧园区创新发展。

信息监控平台，基于底层 CIM 平台，集成和接入 5G 高新视频实验园已建设的各智能化子系统及数据资源，构建园区管理驾驶舱和大数据可视化监管平台，对安防、交通、停车、照明、机房环境、企业服务、园区运营等园区方方面面实时运行状况，进行统一展示、统一管理和集中监控，并实现异常关键指标预警报警和应急处置，全面提升 5G 高新视频实验园区运行管理、服务保障能力。

运营服务平台有效整合园区内外部资源，理顺园区内外部业务，规范业务办理标准，打通部门间合作壁垒，最终实现高效规范的内部运营管理和高质量的服务，实现园区内部运营、业务协作的全面管理，主要包含招商管理、物业管理、设备设施管理等业务内容。

3 应用情况

3.1 CIM 时空信息云平台

CIM 时空信息云平台包括平台服务/管理模块、BIM 服务模块、3D GIS 服务模块、业务集成模块和数据服务模块在内的五大基础功能模块。

1. 平台服务/管理模块

主要针对上层业务应用系统的通用需求，平台提供常见通用 PaaS 服务，为业务应用系统提供标准化的开发接口和服务支持，节省系统资源、提高复用率，避免重复开发，加速业务子系统开发和功能扩展，方便业务系统之间交互、协作，方便数据共享和能力复用。同时也提供常见的系统 PaaS 服务。

2. BIM 服务模块

BIM 服务模块围绕 BIM 建筑模型数据的接入、数据处理、数据使用的需求进行建设，提供对 BIM 建筑信息模型数据的接入、处理、呈现等能力支持。

3. 3D GIS 服务模块

3D GIS 服务模块具备 2D/3D 一体的 GIS 数据接入、数据处理、数据呈现、特效渲染等能力，并可实现与 BIM 模型数据的无缝集成，支持从宏观地图到微观建筑内部细节部位管理构件的无缝衔接、流畅展示和调度浏览、检索、选择及控制。

4. 业务集成模块

业务集成模块具备对上层业务应用系统的业务集成功能，包括应用管理、业务集成门户、服务 API 注册/发布/管理等。

5. 数据服务模块

具备 IoT 数据接入、设备接入、视频数据接入、公共资源数据接入、数据搜索等数据服务功能。

3.2 园区三维建模

基于园区实际现状及未来规划，依照用户提供的图纸等资料，结合卫星影像底图，对园区地上、地下空间及建筑物、城市部件设施等进行三维建模，包括以下内容：

1. 园区现状三维建模

对园区已建成区域（约 0.17 平方千米）的城市建筑、交通设施、植被、重要园区部件进行三维建模（周边 5 平方千米的高清度影像）。

2. BIM 建模

基于业主提供的 CAD 图、BIM 模型，对园区所有建筑（面积约 20 万平方米），结合现场实际情况，新建/深化 BIM 模型，包括 BIM 建筑模型、BIM 机电模型、内装模型、景观模型、施工资料、运维资料、设备信息、监控信息、规范信息等图形及信息数据；按专业/系统、按楼层/区域、按构件/设备对模型进行拆分，并能展示所有构件的属性。

3. CIM 数据处理服务

对获取的地理基础信息 GIS、园区三维模型、BIM 模型、城市部件模型等数据进行合规性检查/修正，优化处理，统一数据格式与标准，实现这些二三维模型、数据的无缝对接以及公共资源、其他行业数据模型处理与集成入库，实现对各类模型数据的加载、查询与分析。

3.3 信息监控平台

基于底层 CIM 平台，集成和接入 5G 高新视频实验园已建设的各智能化子系统及数据资源，构建园区管理驾驶舱和大数据可视化监管平台，对安防、交通、停车、照明、企业服务、园区运营等园区方方面面的实时运行状况，进行统一展示、统一管理和集中监控，并实现异常关键指标预警报警和应急处置，全面提升 5G 高新视频实验园区运行管理、服务保障能力。主要建设内容如下：

1. 管理驾驶舱

在一个页面集中显示集成接入各子系统（园区安防、停车管理、智能照明、机房环境、消防监控、可视化招商/展示、巡检运维）运行状态的总体信息；集成园区三维模型和 BIM 模型数据，提供三维浏览、虚拟漫游等功能；提供 BI 分析功能，支持以图表方式统计各系统数据，支持对接入的各系统的相关实时信息、历史信息的查询统计，如图 1 所示。

图 1　管理驾驶舱

2. 移动决策

实现移动端的总体运行态势数据呈现；支持部件搜索、点选功能；支持部件业务属性呈现；支持安防视频监控、照明、停车场等业务移动端的服务提供和操控，如图2所示。

图 2　移动决策

3. 综合安防

集成对接视频监控、电子巡更、入侵报警等安防子系统，实时采集现有视频等安防系统数据，用户可以在综合信息管理平台中实时查看监控安防设备的运行状态和数据信息，做到及时处理，防患于未然；提供视频巡更功能，实现综合安防管理，入侵报警/电子巡更与视频监控系统的联动（见图3）。

(a)

(b)

(c)

图 3　综合安防

（a）实时视频；（b）视频巡更；（c）综合监控

4. 停车管理

集成对接智慧停车子系统，对停车场中的车位使用数量进行实时展示，具体包括车位总数、闲余数量等内容，对于停车场要满员或已满员状态进行提醒，并采用不同的颜色（如深黄、浅黄）对停车场将要满员或已满员状态进行渲染，通过模型可调取车辆的进出信息，包括但不限于进入时间、车型、车牌号、司机名称、联系方式等；支持按时间段对各停车场车辆总数、空闲车位数的统计分析，并生成相应的图表，如图 4 所示。

图 4　停车管理

484

5. 能耗管理

汇聚全园区设施的能耗实时运行数据，实现园区用能状况可视化；提供统一的报警与故障处理机制，保证园区能源系统的安全可靠运行；基于能耗的大数据分析，优化模型生成调度运营策略，提升整体能源效率，降低运营成本；通过与智能照明系统对接，实时获取照明状态及各项运行参数，用户可点击查看各照明灯实时数据信息；提供数据统计分析功能，所有数据均进行记录并可查询，如图5和图6所示。

 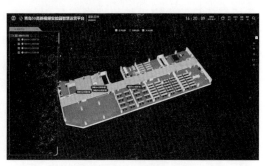

图 5　能耗管理　　　　　　　　　　图 6　智能照明

6. 消防监测

通过消防主机接口联网装置，对接消防主机，实现消防系统可视化在线监测、消防报警自动定位，并可联动视频监控系统核查报警区域消防状况；支持消防报警处置，基于 BIM 的疏散路线、救援路线显示等功能，如图7所示。

 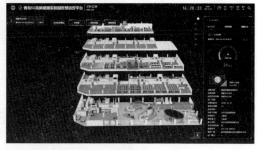

消防态势　　　　　　　　　　　　　消防定位

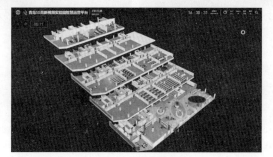

疏散模拟

图 7　消防监测

3.4 运营服务平台

1. 三维可视化招商展示系统

以 CIM 平台为基础，基于 BIM、二三维 GIS 技术，对园区总体规划方案图、园区功能定位、园区功能区规划、用地布局、园区发展规划指标、园区城市设计、园区控制性详细规划、园区各专项规划（如地下管廊、市政设施、道路交通等）、产业规划布局及招商项目等内容进行数据指标分析与可视化综合展示，特别是引导性展示园区未来发展、周边配套、生态环境、产业布局、功能区划分、规划指标等产业价值点，同时提供招商楼宇展示、招商辅助选址等功能，为园区对外宣传推介、接待领导参观以及产业招商提供三维可视化综合展示平台，如图 8 所示。

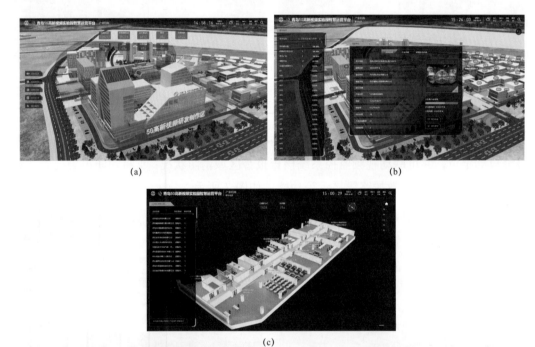

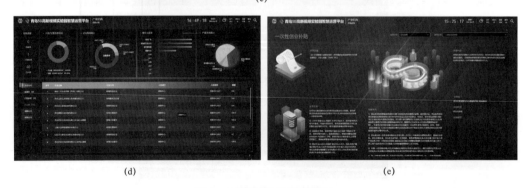

图 8　三维可视化招商展示

（a）产业招商；（b）楼宇信息；（c）企业入驻；（d）招商决策；（e）招商政策

486

2. 物业管理

实现园区空间租赁、合同管理、资产设备、物料库存、费用管理、物业报修，服务投诉处理等物业管理服务功能，如图 9 所示。

(a)   (b)

图 9 物业管理

（a）空间租赁管理；（b）合同管理

3. 巡检运维

通过移动巡检 App、任务智能分派、人员自动定位、二维码等多种技术手段实现园区智慧运维管理，包括前后台工单信息、设备设施台账信息的快速准确流转，标准化前端人员操作规范，精细化考核，提高运维管理效率，降低人工成本，延长园区市政部件、设备设施使用寿命；包括 PC 端和手机端 App 应用，如图 10 所示。

(a)

(b)   (c)

图 10 巡检运维

（a）园区管家 App；（b）巡检管理；（c）运维管理

4 关键技术

4.1 CIM 时空信息云平台

CIM 时空信息云平台是实现智慧园区的基础和关键。平台基于统一的标准与规范，以 2D/3D 园区 GIS 空间地理信息为基础，叠加园区建筑、地上地下设施的 BIM 信息以及 IoT 信息，构建起三维数字空间的 CIM 信息模型，综合 GIS 平台的宏观大场景处理、空间分析以及 BIM 平台的微观局部复杂场景处理、三维图形渲染能力，为智慧园区应用提供基础三维可视化平台服务。

4.2 物联网

物联网技术起源于传媒领域，是信息科技产业的第三次革命。物联网是指通过信息传感设备，按约定的协议，将任何物体与网络相连接，物体通过信息传播媒介进行信息交换和通信，以实现智能化识别、定位、跟踪、监管等功能。园区智慧化的前提是将原先独立分散的各类智能化系统通过物联网技术进行连接，把人、时间、空间、设备、业务等数据紧密联系到一起，实现资源共享。

4.3 大数据技术

大数据技术，就是从各种类型的数据中快速获得有价值信息的技术。大数据处理关键技术一般包括：

1. 大数据采集

通过传感器数据、网络交互数据及移动互联网数据等方式获得的各种类型的结构化、半结构化（或称之为弱结构化）及非结构化的海量数据，是大数据知识服务模型的根本。

2. 大数据预处理

完成对已接收数据的辨析、抽取、清洗等操作。

3. 大数据存储及管理

大数据存储与管理要用存储器把采集到的数据存储起来，建立相应的数据库，并进行管理和调用。重点解决复杂结构化、半结构化和非结构化大数据管理与处理技术。主要解决大数据的可存储、可表示、可处理、可靠性及有效传输等几个关键问题。

4. 大数据分析及挖掘

从大量的、不完全的、有噪声的、模糊的、随机的实际应用数据中，提取隐含在其中的、人们事先不知道的，但又是潜在有用的信息和知识的过程。

5. 大数据展现和应用

大数据检索、大数据可视化、大数据应用、大数据安全等。

5 社会价值

5.1 降低园区运营成本

基于 5G、BIM、CIM、大数据、云平台、IoT 等物联网技术，构建一个统一的运营服务平台，汇总各系统运行数据信息，实现高效、便捷的集中式管理，降低运营成本。

5.2 提升园区管理效率

园区运营服务平台就是智慧园区的大脑，平台整合园区所有的原有智能软硬件系统、建立统一的数据库，搭建统一强大的管理网络覆盖和服务器群，提高园区管理效率，丰富决策依据，提升园区企业服务水平，促进园区企业和管理方的互动，促进园区与周边社会、社区更通畅连接。

5.3 完善园区智慧化服务

基于园区运营服务平台，构建公众满意的智慧服务体系，满足个人办事、购物、出行、活动、停车等一切所需，打造宜居、舒适、便捷的生活环境。同时向企业用户提供办照注册、缴税、政策咨询等服务。为园区租户和公众提供的服务可追踪、可回溯、可记忆，保证客户再次使用该服务时，更个性化和便利。

5.4 提高园区招商质量

通过集成服务、场景服务和价值服务体系的构建，聚合资源，输出服务，形成价值生态联盟。帮助企业成长，形成产业聚集。通过精准招商，更好地向社会公众展示园区形象、资源整合能力、运营服务能力，有效吸引优质企业入驻，提升园区资产价值和品牌影响力。

5.5 智慧园区建设的社会效益

通过全面提高园区智慧化、信息化、智能化、集成化水平，将园区打造成安全、高效、互动性强的高科技、一流示范园区，向社会更好地展示园区的高科技形象。

城市三维交通仿真技术在日照青岛路产业孵化智慧园区建设中的应用

日照市规划设计研究院集团有限公司

1 建设背景

案例项目是基于对日照中央活力区青岛路产业孵化园的园区交通运行改善及园区周边交通影响评价，中央活力区北起张家台渔港，南到海龙湾，西至烟台路，陆域面积约 42 平方千米，是打造高端服务业发展的载体，是新旧动能转换的新平台、是建设现代化海滨城市形象的重要展示区。青岛路产业孵化园位于中央活力区青岛路综合活力廊上，具有集总部基地金融区、体育公园体验区、现代都市生活区、商贸旅游门户区于一体的综合服务区定位（见图1）。由于所处青岛路综合活力廊的重要区位，且产业孵化园高强度、高密度的开发业态，高峰时段各地块到发需求较大，对周边区域的城市交通影响明显，尤其对青岛路重要节点的交通通行压力较大，严重影响孵化园中各地块进出车辆的运行效率以及周边城市交通运行状况。

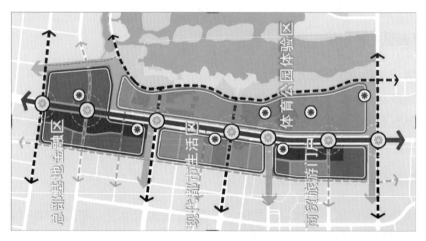

图 1　青岛路产业孵化园区位

为保障园区交通畅通、做好园区高效运行的保障工作，以及分析判断园区交通对城市交通的影响程度，亟须对园区内交通需求、园区及周边的交通供应设施进行分析判断和详细摸底，借助科学技术方法，对区域交通总体情况以及园区内交通运行状况进行预判和监测，为制定更合理的交通改善方案、保障交通良好运行奠定科学支撑，进一步推动园区的基础性信息化建设。

目前，国内智慧园区发展迅速，利用信息化的科学技术对园区内各类资源进行感知和监测，从而对园区运行进行智慧分析并反馈，是智慧园区建设的根本需求和长期目标。因此，为了对园区基础设施及所服务的交通需求有精准的把握，以保障园区交通运行效率、服务园区智慧管理，本案例提出结合城市三维交通仿真技术，全面建立交通供应和需求的数字化模型，实现智能化交通规划及管理，为智慧园区的整体规划设计、基础设施的精细布局、运行监测管理提供应用服务。

2 建设目标

日照青岛路产业孵化智慧园区建设目标是打造数字孪生智慧园区管理平台，本项目主要以园区内部交通设施建设、组织管理、运行服务以及园区周边重大活动和建设项目开发对园区交通影响为出发点，对园区内部及周边的交通进行设计优化，然后对园区周边开发建设项目或者重大活动开展进行交通影响评价，进而为园区交通运营管理控制提供一体化的解决平台方案，实现园区内交通应用与园区外智慧城市相关的交通平台或者数据中心建立接口，探索信息技术高度集成、信息资源全面融合、信息感知敏捷互动、信息服务广泛覆盖的数字化、网络化、智能化的园区，助推日照青岛路产业孵化智慧园区科技、经济高效率、低能耗、集约化发展。

基于智慧园区智慧平台三维仿真展示平台的建设，实现园区交通设施资源的统一管理，打造园区设施一张图，提升园区资源管理展示能力，同时通过模型算法和三维仿真展示为园区管理提供全面、实时、动态、直观的交通运行监控和模拟仿真，并且通过对历史数据同比、环比等分析得到园区交通管理及运行服务的动态变化过程，挖掘有效信息，指导管理决策。同时，通过平台可开放对外数据接口，实现信息共享，服务社会大众，诱导出行选择。

3 建设内容

3.1 建设思路

为提升智慧园区建设管理的智能化水平，推进决策分析的科学性，结合三维交通仿真技术建立日照青岛路产业孵化智慧园区三维仿真展示平台，进而支撑日照青岛路产业孵化智慧园区建设。

系统总体设计思路：依托交通模型技术，对道路交通规划设计方案进行定量分析，通过系统开发实现模型分析结果与城市三维展示建模的结合，以三维可视化的视角展示方案仿真评估及不同方案评估对比，从而快速辅助决策。

3.2 实施方案

为实现系统建设目标，结合系统总体设计思路，制定系统的实施方案：系统建设以青岛路交通疏解及改善为切入点，使用高精度路网和交通建模分析技术，建立了北至滨海路-太公岛一路，西至北京路、南至黄海三路-滨海一路-黄海一路、东至碧海路，围合面积约 21 平方千米的机动车出行模型，以及青岛路沿线重点研究交叉口的道路车流仿真模型，通过模型分析，对研究区域的交通运行情况、园区客流吸引和产生、节点方案的运行效率进行科学的分析和评估。同时，结合三维场景模型的制作，将研究范围内的城市场景进行数字化建模，通过系统开发将模型分析结果与城市三维场景进行系统集成，更好提高科学分析的可视化、展示设计方案的研究思路、便于直观有效地实现方案对比。

3.3 系统总体框架

系统建设的总体框架可以概括为"一个数据中心，两个业务支撑平台，一套保障体系"，如图 2 所示。

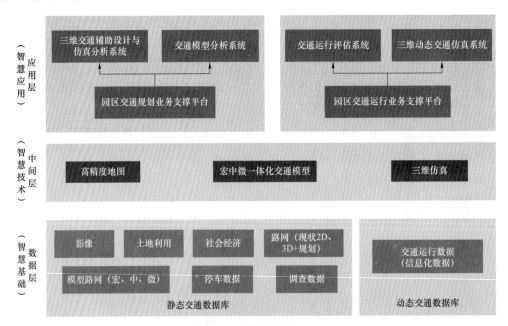

图 2　系统总体框架

其中，一个中心是指一个数据库系统，聚合相关规划、设计、建设管理等静态数据以及园区交通运行动态数据，以数据资源积累、信息管理、辅助系统应用为核心，是系统建设的数据基础。

两个业务支撑平台分别是园区交通规划业务支撑平台和园区交通运行业务支撑平台，业务支撑平台面向园区的业务应用，全面支撑园区交通设计、交通规划、交通运营管理项目应用。

一套保障体系包括软硬件采购与运维、人员培养、数据和模型更新机制。

数据层（接入层）：数据层是智慧园区建设基础，也是智慧决策平台的数据来源，主要用于数据采集和存储，通过各种方式将数据采集后接入系统。提供调查数据、基础数据（人口岗位、土地利用、交通网络设施等）、大数据、规划数据等各类原始数据的标准存储、维护、查询和统计等功能，进而为平台的数据融合、数据分析、数据对外服务、决策展示等功能奠定基础。

技术层（中间件层）：中间层主要是智慧技术，提供高精度地图、宏中微一体化交通模型、三维仿真等技术处理生成以及计算功能，生成供应用层使用和对外信息发布的成果数据。

应用层（平台层）：应用层是智慧应用的体现，包括应用系统和通用模块两部分。其中应用系统包括园区交通规划业务支撑平台与园区交通运行业务支撑平台。面向不同业务类型开发定制化应用系统，支持技术业务的拓展与升级，面向园区决策者、技术人员及公众提供不同维度的数据使用和发布服务。

系统的总体框架的设计，旨在通过本次智慧园区三维仿真展示平台的建设，推动实现园区中多系统之间的信息共享，打破传统的园区封闭系统的信息孤岛，在统一网络、统一基础设施、统一数据环境的基础上，建成高效的园区运营中心，从而提供园区的智能化系统集成。园区运营中心平台可连接智慧园区各个专业业务领域，各管理系统之间通过标准的事务总线进行串联，对各个业务领域的告警、事件等数据进行分析，然后按照预定的规则和流程，进行处理、报告、展现、存储，不断积累数据、建立更高级的人工智能，从而持续提高园区运行的效率和园区企业、人群的舒适性。

4 关键技术

通常情况下，智慧园区的信息化建设包括高精度地图制作、基础设施精细化管理、交通仿真建模、监控平台建设、定位系统、数据中心建设等。在本案例中主要应用三维高精度地图制作技术、交通宏中微建模技术、三维仿真技术来实现系统建设目标。

4.1 三维高精度地图

高精度地图简单地说就是精度更高、数据维度更多的电子地图，相对于传统电子地图来说，高精度地图数据要素更为全面，包括车道的宽度、车道线的类型、车道转向、交叉口标志标线等，元素及信息要素更为丰富。同时，借助专业的地图数据发布平台，实现二三维高精度地图的一体化。

通过建立智慧园区全场景高精度地图，对信息的开展有效组织，形成园区的数字模型，并依托这一数字化模型，生成交通模型及仿真模型的输入路网。同时作为智慧园区各类数据资源中的路网数据资源，三维高精度地图能够很好地实现路网数据资源与其他各类数据资源的整合、分析、共享以及对信息感知终端设备的集中管理和合理利用，如对园区建模模型、绿化模型等诸多其他数据进行一体集成，实现场景各专项业务的联动，提高安防、设施及其状态管理等综合保障力量的部署和动态协调调度水平，支撑园区管理等部门对园区运行状态的实时监控。

4.2 交通宏中微观模型体系

交通模型是交通需求研究的专用技术工具，它依据交通学科理论，基于现状基础数据，利用数学建模算法，借助专业技术软件，分析交通出行需求特征，预测变化趋势。根据研究层面、研究精度的不同，交通模型体系主要分为宏观、中观、微观模型，来适用于不同类型、不同层次的项目研究，其中微观仿真模型主要功能是模拟交通对象出行特征，分析交通动态运行状况，评估交通设施服务水平。

为了更好地支撑智慧园区规划、设计、运行、管理等辅助决策，本项目通过建立交通宏中微一体化模型体系对园区内部及周边区域路网的交通运行状况进行评估和预测。本次建立了现状区域级道路机动车出行模型以及道路车流仿真模型。

1. 道路机动车出行模型

现状区域级道路机动车出行模型可以实现对研究范围内机动车出行分布情况进行校核，并对现状机动车出行需求进行预测和分配，进而得到路网机动车流量以及路网服务水平，同时还能实现对园区周边建设项目开发和重大活动举办造成的园区交通影响进行交通影响分析和评价。

机动车出行模型结构设计可划分为三个阶段：模型输入、中间过程和模型输出。在模型输入阶段，主要是基础数据准备，包括调查数据、道路网、机动车 OD 等数据。中间过程主要内容为数据输入模型数据库，执行机动车分配，将 OD 分配至道路网。模型输出主要包括路网供应能力、车流需求、道路服务水平三方面数据。

2. 道路车流仿真模型

道路车流仿真模型可以实现对园区机动车车辆运行轨迹进行模拟，真实反映车辆在园区道路网中运行时的状态（车辆位置、车辆速度等），并对园区内部交通信控设施、路网服务水平、交叉口服务水平评估结果进行仿真输出。

道路车流仿真模型结构设计可划分为三个阶段：模型输入、中间过程和模型输出。在模型输入阶段，主要是基础数据准备，包括道路线形条件、车辆静态路径、车辆特征、车辆速度、驾驶员反应强度。中间过程主要内容为数据输入模型数据库，执行交通运行动态仿真，将宏观模型输出的车辆路径输入至仿真路网。模型输出主要包括车辆运行轨迹、微观仿真评价指标。

4.3 三维仿真技术

采用基于 GIS 平台研发的三维数据沙盘系统 3DScene 加载显示三维高精度地图及场景，3DScene 系统除具备浏览、空间测量、空间分析、环境模拟等基础功能外，同时还集成了微观交通仿真方案管理、车流模拟、仿真评价分析、智能设备接入、V2X 数据接入展示等特有功能。系统通过加载仿真模型输出的仿真数据，在系统中对交通仿真结果进行分析和处理，以仿真时间为基准，将道路及路侧要素、行人、车辆等状态及交互行为以三维场景展示。

三维仿真技术可真实模拟园区的地形、地貌、道路、建筑等附着物，为园区管理提供真实三维仿真场景，增加沉浸感和体验性，提供更加可靠的技术支持。通过三维仿真技术实现在三维场景中接入道路流量、公交客流等动态数据，将现实进行虚拟化模拟，支持园区交通精细化设计及运行方案的仿真评估，提高园区规划设计的准确性和可行性，同时又可以增强用户的体验感和参与性。

5 建设实施

项目近期建设目标主要为整合现有静态数据资源，实现对现有数据的统一管理，预留动态数据接口，构建基础数据中心。同时，研制功能完善的宏中微观一体化交通模型，从而掌握园区交通问题定量分析的核心技术，全面提升园区技术管理服务水平和问题诊断水平。基于数据中心及模型技术的构建，定制开发园区交通辅助设计系统、交通模型仿真系统，交通运行分析系统，辅助园区规划管理业务开展。根据系统的总体框架设计和项目实施需求，系统平台分为两期建设。

一期建设内容：一期建设以功能开发为主，围绕现有静态数据，以静态数据中心建设和一体化交通模型构建为核心内容，从辅助园区交通规划、设计角度出发，建设三维交通辅助设计与仿真分析系统。

二期建设内容：二期建设纳入动态运行数据，围绕动态数据完善基础数据中心，辅助园区周边交通影响评价服务，建设三维交通仿真系统，辅助对不同时间点、不同用地强度、不同背景交通量进行需求预测，判断建设项目、大型活动对范围内道路的交通压力。同时，利用交通微观仿真技术，在宏观交通流量的基础上，进行交通设计、交通管制方案的定量评估支撑。实现对范围内所有关键节点、通道的管理方案、控制方案、诱导措施以及渠化设计等进行仿真评价。

6 应用实践

6.1 三维场景集成

结合收集的道路规划设计及管理资料，应用高精度地图制作技术，对园区内道路及周边道路网进行精细化建模，包括道路线形、交叉口渠化、道路断面设计、道路标高、交叉口信控方案等（见图 3）。一方面对信息进行有效的组织管理，形成道路设施基础信息库，提供要素的基础查询；另一方面，作为交通仿真模型的输入数据，为模型的仿真分析提供路网基础支撑。

图 3   二三维高精地图

将三维高精度地图与园区场景要素进行集成，搭建园区的数字孪生底层基础，通过系统交互开发，提供不同要素的属性存储、多维度查询功能，如图 4 所示。

图 4   研究区域的三维场景

6.2 周边交通影响分析

应用宏观交通建模关键技术，对园内开发项目开展交通影响评价，提供交通需求预测分析，预估其建成后对周边城市交通带来的影响，以此为量化依据，为周边的相关规划及交通改善方案提供科学支撑，如图5所示。通过宏观模型预测分析的交通运行评估，衡量不同方案、不同时期的交通影响变化。

将宏观交通模型输出结果上传到系统中，结合系统接口对数据进行读取、渲染，将数据结果进行可视化呈现，通过系统界面，对不同方案路网的流量、饱和度进行分析，从而分析不同方案或方案建设前后道路运行指标变化，为方案评估提供定量支撑，进而科学合理的辅助管理者进行决策。

图5 周边区域交通影响分析及展示

6.3 节点运行仿真评估

应用微观交通建模技术，对园内开发项目的建设工程方案交通功能设计、重要交通节点组织优化方案开展精细化的仿真分析，评价交通功能设计的合理性、预估改善方案的预期效果（见图6）。

图6 道路节点交通动态仿真分析及展示

案例中通过微观仿真模型，对机动车出入口的设计方案进行分析论证，通过仿真计算出入口的布局及设计方案的合理性。另外，通过微观仿真模型对影响较大的节点开展优化研究，据此提出改善方案，并对改善后的方案效果进行预估。结合系统的标准化数据接口，对仿真车流轨迹进行三维图像动态直观展示，并同步展示仿真模型分析指标。

6.4 方案快速对比

为更贴近业务分析需求，更高效率辅助管理决策，应用系统开发技术，支持不同方案同屏对比功能。

通过同屏对比功能的开发，一方面，可在同一视角下查看不同方案的场景元素效果，辅助城市以及园区的总体设计；另一方面，在同一时空下，可同步查看不同方案，如不同信控方案、不同组织设计方案等的车流运行情况，更直观地展示不同方案下交通运行的差别，从而实现方案的快速智能对比，如图7所示。

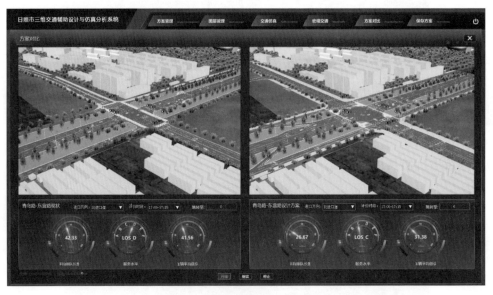

图 7　不同方案的车流仿真对比

7　应用价值

7.1 对智慧园区的开发项目进行全过程的交通分析

通过系统的项目管理及建模技术，可以对开发项目建立从规划、建设、运营全周期的可追溯的交通状态分析监测的全过程。结合不同阶段交通运行的分析，及时发现问题、对交通规划、管理方案不断滚动更新完善，建立交通影响及时响应机制。

7.2 打造智慧园区数字孪生、强化园区精细化管理

建立园区全场景高精度地图、对园区基础设施进行完整数字化建模，为综合平台精细化管理提供信息支撑。同时，结合园区内建筑物、绿化景观等实景仿真级三维展示模型的搭建，呈现完整的园区生态环境，通过各类数据的全面汇聚整合、处理，可共享给园区运行管理平台，实现园内生态、建筑、基础设施的精细化、动态化、一体化管理，为园内高标准运行、维护管理和综合功能提升提供全方位的支撑。

7.3 助力智慧园区与智慧城市的进一步融合

通过系统的建设助力智慧城市与智慧园区一体化融合进程，将园区交通的研究布设于城市交通整体研究网络中，通过系统可视化将车辆完整的出行行驶轨迹进行展示分析，打造园区交通与城市交通网络的一体化同步分析系统，为智慧城市、智慧园区统筹规划、互联互通、资源共享注入催化动力，促进城市空间地上、地下空间运行状况的透彻感知，管理业务协同联动、统一动态协调调度。

7.4 提供更完善的管理及出行服务

随着智慧园区运营中心监测平台的逐步建立，通过系统即时发布园区运行监测状况，发布园区运行突发和常态问题预警，进一步推动智慧园区的智能智慧管理，并结合模型分析技术的应用，及时反馈应对方案，并对方案开展及时的预测评估，为智慧化奠定技术基石，更好地服务园区管理。同时，通过系统发布公众服务，提供智慧的出行解决方案，更高效的服务出行。

雄安市民服务中心项目实践

雄安中海发展有限公司
河北雄安市民服务中心有限公司

1 项目概况

　　雄安市民服务中心作为雄安新区的首个标杆项目，不仅是数字化智慧城市的雏形和缩影，同时也是国际领先、中国特色的智慧生态示范园区（见图 1）。雄安市民服务中心的智慧应用包括智慧生活、智慧企办、智慧政办、智慧物管、智慧运营五大场景，项目全程贯穿和突出"绿色、现代、智慧"理念。遵循全生命周期的 BIM 辅助设计原则，基于雄安云的大数据引领，通过基于 BIM 可视化智慧园区运营平台（简称：BIM-SOP）的技术支撑，真正实现了从规划设计、施工建造到运营管理的全生命周期 BIM 管理于一体的智慧建筑，做到"数字孪生"的建筑镜像；结合智能楼宇管理平台（简称：IBMS），实现园区 21 个智能化子系统信息集成，通过数据共享、信息融合等，整体呈现智慧园区和智慧生活体验。

图 1　雄安市民服务中心

2 智慧园区大数据物联网平台

基于大数据及物联网平台，沉淀有价值的业务数据，并且统一的物联体系支撑自动运行和远程作业，打破时空限制；统一的信息化平台帮助各业务岗位高效协同和全局视角，大大增强了运营能力。一个智慧园区的大数据物联网平台成为整个智慧建筑的核心大脑，共分为三部分：BIM–SOP 智慧运营管理、综合管廊运营管理、IBMS 综合管理，实现智慧建筑和运营管理完美结合。

2.1　BIM–SOP 智慧运营管理的应用

BIM–SOP 智慧运营管理平台基于 BIM 模型和项目的实时运行数据相互集成（如仪表、传感器或者其他运维管理系统的运行数据），实现项目全生命周期的 BIM、图档、业务数据的智慧管理。智慧运营管理平台面向园区消控中心大屏，整合园区现有信息系统的数据资源，凭借先进的人机交互方式，实现园区安防、环境、能源、管廊、物业等可视化管理，三维空间实时动态监控管理，运营数据分析驾驶舱，可视化应急指挥调度等功能，用以提高园景区管理者的指挥决策效率，实现园区的智慧化管理和运营（见图 2）。同时，当设备出现故障报警时，会自动检测到故障点，通知运维人员故障信息。同时通过 BIM 自动切换到报警设备的最佳查看视角，同时打开报警设备的参数窗口。维护人员可通过系统快速查看设备的历史记录。这样运维人员可以在第一时间对故障设备进行诊断、维护，为雄安市民服务中心提供更好的智慧运维管理方案。

图 2　BIM–SOP 智慧运营平台

2.2　综合管廊运营管理的应用

雄安市民服务中心地下综合管廊项目全长 3.3km，形成"五横五纵"网络结构，包含复杂节点 120 多个，对运营管理系统构建提出很高要求。该管廊项目的智慧运营管理平台由中建地下空间有限公司负责建设，建立了管廊运维 BIM 模型建模标准和管廊构件标准化族库，整体建模深度达到 LOD300，附属设施设备部分建模深度达到 LOD400。平台基于 BIM 和 GIS 技术完美整合了视频监控、门禁消防、风机、照明、排水控制、温湿度、氧气、甲烷等多种 IoT 设备，实现管廊运行状态的三维可视化监控，并且开发了日常巡检、维护、三维图纸管理、管线管理等功能，有效满足日常运营管理工作（见图 3）。廊内还引入了智能巡检机器人系统，可代替管理人员完成管廊内部 24 小时不间断巡查和危险报警。

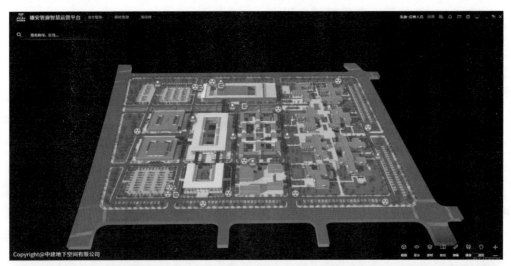

图 3　综合管廊运营管理

2.3　IBMS 综合管理平台的应用

IBMS 综合管理通过集成园区 21 大智能化子系统以及多达 25 000 个实时监测控制

点位，实现对全园区、全专业、全时态的深度覆盖，从而达到自动化监管与控制的目的（见图4）。同时，通过IBMS系统和智慧云平台对接，实现基于雄安云的智慧应用。主要内容包括通信系统（综合布线、计算机网络、电话交换系统、手机网络信号覆盖、有线电视、无线对讲系统）、综合安防系统（视频监控、门禁系统、停车场管理、防盗报警、访客管理、巡更系统）、建筑设备监控系统（空调楼控、能耗监测、智能照明、冷热源系统、环境监测）、多媒体系统（公共广播、信息发布、多媒体会议、会议预约）和机房工程等，通过1个平台、21个系统全接入，提高设备管控效率。

图4　IBMS综合管理平台

IBMS是建立在5A［主要指通信自动化（Communicate Automation），楼宇自动化（Building Automation），办公自动化（Office Automation），消防自动化（Fire Automation）和保安自动化（Safety Automation），简称5A］集成和物联网技术之上的建筑集成管理系统，由Web集成化监视平台、监控服务器和协议转换网关三部分组成。

3　建设内容

3.1　保安与消防管理

保安与消防管理是大数据智慧运营管理平台的重要组成部分之一，智能化保安系统具有较高的自动化技术水平及完善的功能，安全性、可靠性高。每个楼宇房间的防盗、防灾报警装置通过网络系统与园区控制中心的监控计算机连接起来，实现不间断监控（见图5）。安防报警包括门禁系统、红外门磁报警、火灾报警、煤气泄漏报警、紧急求助、闭路电视监控、周边防越报警、对讲防盗门系统等。

图 5　保安与消防管理

3.2　气象与环境监测服务

气象与环境监测服务基于小型气象站及官方发布的气象数据，可以实时监测温度、湿度、风速、风向、雨量、气压、光合辐射、蒸发、土壤温度、土壤湿度等多种气象参数（见图 6）。大数据智慧运营管理平台可以实时读取这些气象与环境监测数据，并以可视化的形式展现，其中的数据可以发布到园区中的特定显示屏上显示，以供公众参考。

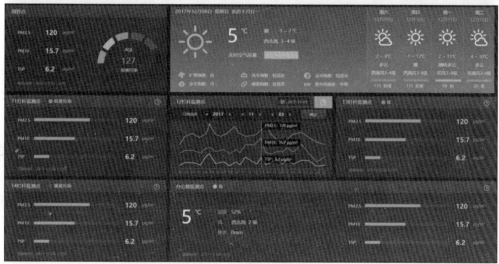

图 6　气象与环境监测服务

3.3　能源管理与能耗监测

能源管理与能耗监测系统采用分层分布式系统体系结构，对建筑的电力、燃气、水等各分类能耗数据进行采集、处理，并分析建筑能耗状况，实现建筑节能应用等，如图 7 所示。

大数据智慧运营管理平台通过能源计划、能源监控、能源统计、能源消费分析、重点能耗设备管理、能源计量设备管理等多种手段，使管理者对园区的能源成本比重、发展趋势有准确的掌握，并指导制定未来能源消费计划。

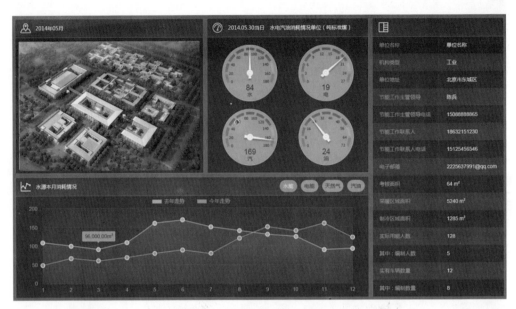

图 7　能源管理与能耗监测

3.4　综合管廊监控

基于大数据智慧运营管理平台的可视化综合集成平台，是园区综合管廊核心应用系统的重要组成部分，该系统能够及时对管廊内环境及各种主管线运行的数据进行显示、分析、更新、维护、统计，为了解地下综合管廊内环境情况、各种主管线的运行情况提供准确的运维信息，为管廊的动态管理提供数据依据，如图 8 所示。

图 8　综合管廊监控

3.5 设备运行自检与设备管理

设备运行自检与设备管理系统是大数据智慧运营管理平台基于云计算的物联网综合管控云服务平台，可适配于各种物联网应用系统，实时监控管理接入设备的状态与运行情况，并对设备进行远程操作（见图 9）。通过云平台对接物联网设备，做到精确感知、精准操作、精细管理，提供稳定、可靠、低成本维护的一站式云端数据库。

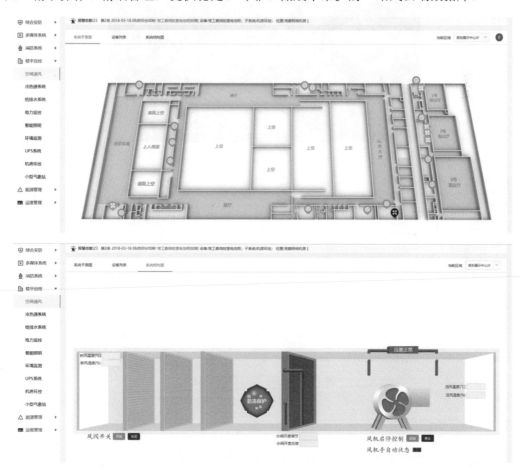

图 9　设备运行自检与设备管理

3.6 物业维修与保养管理

大数据智慧运营管理平台对物业单位的各项报修信息进行管理，具有手工管理所无法比拟的优点，如检索迅速、查找方便、可靠性高、存储量大、保密性好、寿命长、成本低等。这些能够极大地提高工作效率，也是物业报修管理的科学化、正规化管理与世界接轨的重要条件，可系统实现报修信息的管理和查询、报修后维修情况的管理和查询、维修人员信息管理等功能，如图 10 所示。

图 10　物业维修与保养管理

3.7　物料与资产管理

物料与资产管理系统可以管理每一件原有或新购入的物料和资产，计算机能根据其相关数据生成条码或二维码，通过扫描张贴在物料或资产上的条码或二维码，即可进行识别、查验、盘点等工作，能有效提高工作效率，降低出错率，如图 11 所示。

3.8　巡检与巡更管理

巡检与巡更管理系统，是基于在小区适当位置设置巡更站，规定保安人员巡更路线和巡更时间，当保安人员到达某巡更站时插入钥匙并扭动，就会得到保安人员当时的位置和时间信息。采用电子巡更管理技术，可以杜绝保安人员漏岗、失职等现象，是保证园区安全的重要措施，如图 12 所示。

508

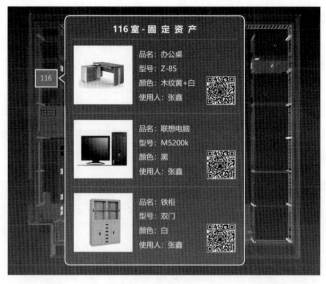

#	设备名称	事件	时间
类型：设备保养			
1	9号楼低压配电室10号出线柜	9号楼低压配电室10号出线柜月度保养	2017-10-08 00:00:44
2	9号楼低压配电室9号出线柜	9号楼低压配电室9号出线柜月度保养	2017-10-08 00:00:45
3	9号楼低压配电室8号出线柜	9号楼低压配电室8号出线柜月度保养	2017-10-08 00:00:45
4	9号楼低压配电室7号出线柜	9号楼低压配电室7号出线柜月度保养	2017-10-08 00:00:45
5	9号楼低压配电室6号出线柜	9号楼低压配电室6号出线柜月度保养	2017-10-08 00:00:45
6	9号楼低压配电室5号出线柜	9号楼低压配电室5号出线柜月度保养	2017-10-08 00:00:45
7	9号楼低压配电室4号出线柜	9号楼低压配电室4号出线柜月度保养	2017-10-08 00:00:45

图 11　物料与资产管理

3.9　门禁管理

系统采用基于 TCP/IP 协议的"一卡通"系统。系统一次发卡，统一授权，实现门禁管理和考勤管理等功能（见图 13）。系统统一身份和资源管理、统一认证、统一内容管理。门禁系统由读卡设备（包括读卡器、人脸识别门口机、出门按钮、电控锁）、门禁控制器、通信网络、管理软件、计算机（服务器/工作终端）组成。系统总控平台设在规划展示管一层的消防安防控制中心内，对系统进行统一发卡、控制及管理；通过授权，系统也可在中心总控平台对其进行操作和查看门禁设备状态。门禁控制主要用于雄安新区市民中心园区各建筑的重要出入口通道、设备用房、会议室、办公室等场合，其中企业办公区主入口控制采用人脸识别＋紧急门禁读卡技术，其他区域控制采用非接触式 IC 感应卡门禁系统。系统可随时查询、统计、分析出入信息档案，监视门的开闭状态，对非正常进入门禁场所事件报警。所有公共通道/办公区域的门出入控制采用双向读卡的方式；所有机电设备机房的门出入控制采用出门按钮+入门读卡的方式。设置在安全疏散口的门禁控制装置，应与火灾自动报警系统联动，在紧急情况下应打开电控锁。系统的 220V 电源均由消防控制室中提供 UPS 供电，门禁控制器在竖井内集中设置，门禁控制器至读卡器采用 RVVP6×1.0 线缆，至出门按钮采用 RVV2×1.0 线缆，至门锁采用 RVV4×1.0 线缆。

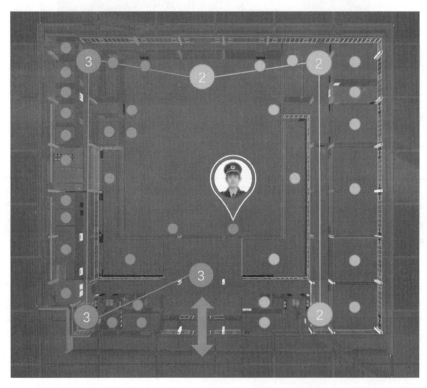

27	100.0%	0	352	100.0%	0	0.0%	0	0
任务总数	任务完成率	过期任务数	巡检点总数	巡检点完成率	漏检点数	漏检率	异常点数	报修数量

巡检执行统计数据

#	巡检计划编号	巡检内容	巡检周期	巡检频率(次)	任务总数	完成任务数	任务完成率	过期任务数	巡检点总数	已巡检点数	巡检点完成率	漏检点数	漏检率	异常点数	报修数量
1	ZYY1049	9号楼3单元风机房巡检	周	1	1	1	100.0%	0	4	4	100.0%	0	0.0%	0	0
2	ZYY1038	5号楼1、2单元风机房巡检	周	1	1	1	100.0%	0	4	4	100.0%	0	0.0%	0	0
3	ZYY1037	3号楼3单元风机房巡检	周	1	1	1	100.0%	0	2	2	100.0%	0	0.0%	0	0
4	ZYY1026	中控室巡检	天	1	1	1	100.0%	0	70	70	100.0%	0	0.0%	0	0
5	ZYY1025	1号楼配电室巡检	天	2	2	2	100.0%	0	20	20	100.0%	0	0.0%	0	0
6	ZYY1022	1号楼配电室巡检	天	2	2	2	100.0%	0	20	20	100.0%	0	0.0%	0	0
7	ZYY1021	9号楼配电室巡检	天	2	2	2	100.0%	0	16	16	100.0%	0	0.0%	0	0

图 12　巡检与巡更管理

图 13　门禁管理

3.10　入侵报警

入侵报警系统包含报警主机、总线式多防区输入模块、总线式单防区输入/输出模块、红外/微波双鉴探测器、声光报警器等，如图 14 所示。控制中心设在规划及展示中心一层消控中心。基于大数据物联网平台，发生异常，进行逐级声光报警，同时联动视频监控，及时发现，及时处理。

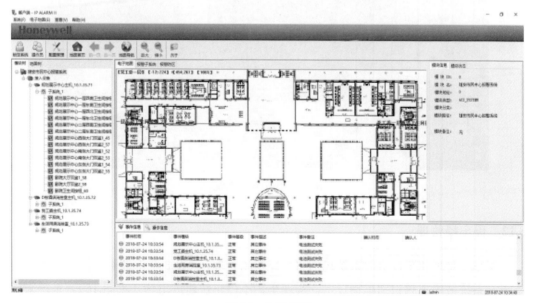

图 14　入侵报警

3.11 数字对讲系统

系统采用 420MHz 数字无线通信覆盖系统。系统最大支持 8 个物理信道（频道由使用单位申请），日常分配 4 个信道给保安、物业、保洁人员通信使用，预留 4 个信道，作为应急通信使用。系统在规划展示中心 1 层消防安防控制中心设置一套数字基站，系统通过天馈式室内分布系统的方式，将基站信号均匀分配到园内各单体及室外园区（见图 15）。系统包含手持无线对讲机、中继台、分路器、合路器、光纤近端机、光纤远端机等设备，由展厅一层消防控制中心进行总控，在弱电竖井内设置耦合器，在地上楼层、地下楼层、楼梯间等地根据使用要求、建筑结构以及电波传播因素分别设置室内全向天线，在周转用房楼顶设置全向室外玻璃钢天线，以保证建筑内外都有足够强度的无线信号，从而达到无线通信的畅通无阻，准确无误。

图 15 数字对讲系统

3.12 停车场管理

停车场管理和车位引导系统包括整个停车场管理，共设 8 个 1 进 1 出停车出入管理系统，系统采用视频识别车辆技术，实现车辆不停车快速进出场（见图 16）。系统采用无线地磁车位检测的技术，前端无线地磁能判别车位状态，能及时反馈各区域空闲车位剩余状况，提前帮助车辆分流，有效避免车道拥堵。在各路口设置车位显示引导屏，实时显示各区域剩余车位，引导临时车辆快速停车。

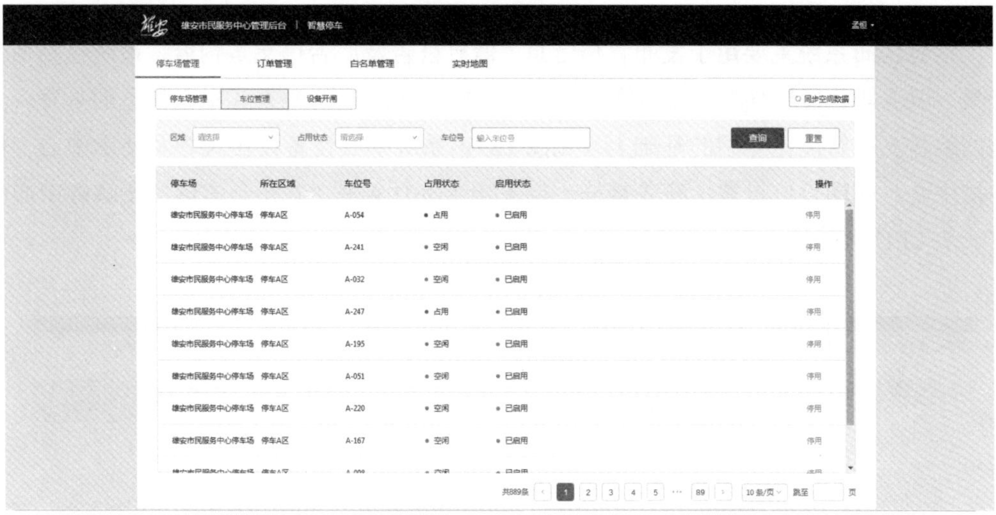

图 16 停车场管理

3.13 多媒体会议系统

本项目多媒体会议系统将会议室分为小、中、大会议室和多功能厅几种类型，还包括 1 间新闻发布厅和 1 间应急指挥中心大厅。在所有会议室门口设置会议预定屏，显示屏可以显示会议预定情况，通过密码和二维码实现参会人员才能开门进入会议室，会议预定纳入办公网从而方便办公人员在任意办公电脑上都可以进行会议预定（见图 17）。

图 17 多媒体会议系统

3.14 信息发布系统

信息发布系统主要用于发布宣传信息、信息公告及广告信息等内容，系统包括信息采集、服务器、播放终端、显示终端和查询终端，通过编码的方式实现信息的处理，系统网络建立在智能化专网的基础上（见图18）。系统中心设备设在规划及展示中心一层消控中心。前端点位设置：在各楼栋一层主出入大厅设置 42 寸一体机，在政务中心设置一块 LED 大屏用于显示指引信息。

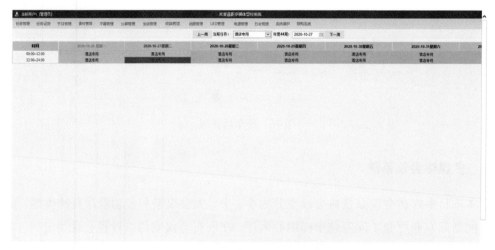

图 18 信息发布系统

3.15 公共广播系统

公共广播系统采用数字广播结构，具有紧急广播、背景音乐和业务广播功能，系统网络由智能化专网提供（见图19）。系统中心设备设在规划及展示中心一层消控中心，另外在政务服务楼一层消防室、会议培训中心一层消防室、党工委管委会办公楼一层消防室、雄安集团办公楼一层消防室、餐厅一层消防室、B 栋企业办公楼一层消防室共设6 处分控呼叫站。室内前端喇叭主要采用吸顶喇叭（阻燃带后罩），分布区域包括楼层公共走道、卫生间、企业办公区域，布点间距8～10 米，室外广播采用壁挂防水音柱，跟室外灯杆共用立杆，网络功放解码器分散设置于各弱电井内。广播分区可在防火分区基础上进行细分，实现分区控制，具备消防强切功能，火灾状态下强制切换为消防广播，控制级别：消防紧急广播→业务广播→背景音乐。中心配置数字广播主机，主机具备音频系统的模拟转数字采集功能和数字化多音源处理、切换、调用等，具备网络音频下载播放等功能，系统支持各种音源接入，具备管理 PC/音源服务器等，具备分区呼叫器，可实现强插呼叫任意分区。

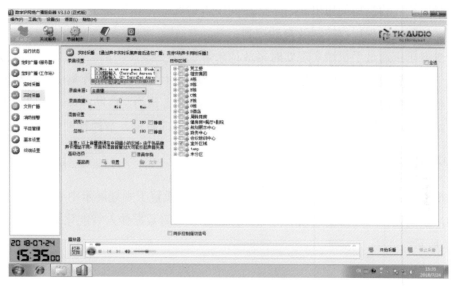

图 19　公共广播系统

3.16　酒店客房控制系统

酒店客房控制系统采用 RS485 总线通信，通过弱电控制强电的方式，控制客房内设施，实现客房内的灯光、插座、空调、门铃、门磁等自动监控，极大限度满足顾客个性化需求（见图 20）。具体实现如下：

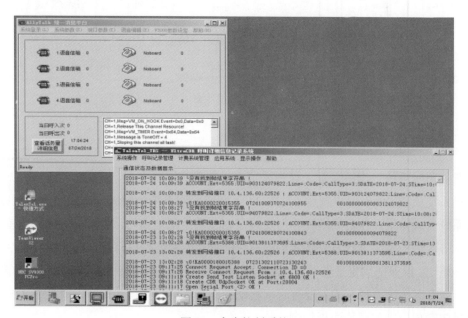

图 20　客房控制系统

场景功能：睡眠模式、阅读模式等；

能耗监测：检测房间用电量、了解房间用电情况；

空调控制：实现远程控制及自动控制；

背景音乐：通过手机端实现实时播放请求等。

基于运营管理平台，将所有客控系统联网至服务中心，实现远程集中管控和监测客房内设备运行状况，实现线上、线下运营管理，如线上预约、自助办理入住等，为客户提供一站式服务。同时，基于平台管控，大大提升管理质量、节约管控成本。

3.17 环境监测

环境监测系统工作站与建筑设备监控系统共用，设置于规划展示中心的消防安防控制中心，系统设置环境监测系统服务器，并通过接口将数据传入智能化系统集成平台，如图21所示。

图21 环境监测

3.18 智能照明

智能照明系统工作站设置于规划展示中心的消防控制中心，并通过接口将数据传入智能化系统集成，便于用户查看（见图22）。智能照明系统为智能分布式控制总线系统，控制系统自成体系，各功能模块分别安装在相应系统配电箱内，主要是对电梯前室、公共走廊等区域的照明进行自动控制。根据时间程序，繁忙时段打开全部照明，其余时间开部分照明，以保证满足最低照度。其他区域可采用现场的智能面板，控制灯光的开关、场景。本方案设计控制方式主要有时间自动控制，移动探测自动控制，中央中文图形可视化集中管理控制和现场面板控制。

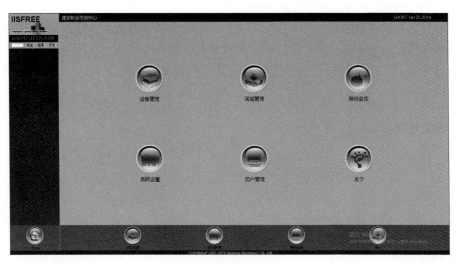

图 22　智能照明系统

3.19　远程抄表系统

远程抄表系统由工作站、智能水表、智能电能表、能量表（水表、电能表等，能量表由相关专业提供、安装，有 RS485 通信接口，支持 MODBUS 通信协议输出仪表数据）、软件平台等组成，末端智能测量仪通过总线连接到管理器，总线管理器通过园区智能网和服务器通信，将相关数据提供给远程抄表系统，如图 23 所示。远程抄表系统工作站设置于规划展示中心的消防安防监控中心，并通过高阶接口将数据上传至集成系统，便于用户查看。

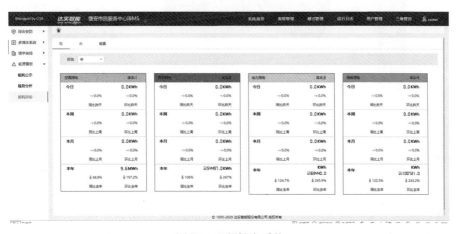

图 23　远程抄表系统

电能表计量：电能表主要是对有需求的配电箱用电抄表计量。电能表应采用有 RS485 通信接口，通信规约为 MODBUS。

水表计量：水表主要是对楼层空调房、卫生间等区域进行抄表计量。水表选用带RS485 通信接口，MODBUS 通信的网络直读水表，方便抄表。

冷量计量：主要是每栋楼的热量以及冷量进行计量。选用带有 RS485 通信接口，MODBUS 通信的计量表具。

3.20 模块化机房

网络机房监控如图 24 所示，其内容包括：

机房电源：对主要机柜的配电开关状态进行监视、分路电压、电流、告警情况进行监视。

UPS 电源：通过通信协议及智能通信接口，监测 UPS 的工作状态及各种参数－UPS的输入、输出电压、电流、频率、功率因素、逆变器状态、电池状态、旁路状态、报警等 UPS 协议提供的所有参数。

机房温度、湿度：精确测量机房的温湿度参数、报警。

机柜温度、湿度：精确测量每个机柜的温湿度、报警。

漏水检测：对机房空调等设备漏水情况实时监测、报警等。

机房烟雾：机房发生火警时能实时快速通知管理员处理等。

图 24　模块化机房

3.21 综合布线

1. 工作区子系统

工作区点位主要有六大网络系统组成：① 驻地网：利用 pon 技术，将电视、电话、网络三网合一的信息点；② 政务外网：有线网络点、办公室工位网络点和语音点；③ 园区网：有线网络点，领导办公室工位网络点，市民中心及室外 AP 点；④ 智能化专网：数据点（信息发布点）、安防系统点、建筑设备监控系统点、其他智能化子系统接入点；⑤ 电话网：党工委、雄安集团和酒店等各区域电话点；⑥ 数字电视网：酒店客房及周转用房和酒店客房电视点。

信息面板选用六类RJ45插口模块，安装方式采用86H暗盒及墙型面板/地插等形式，高度详见各平面图图例表，与强电插座外沿水平距离为0.2m并与强电面板水平高度齐平；无线AP点在吊顶外设置底盒，网络线缆与无线AP设备直接连接；信息发布屏底边距地1m暗装。

各信息点在工作区与管理间均采用6类非屏蔽跳线跳接。

基本布点原则：

每个工位，设置1个园区网点、1个政务外网点和1个语音点；

每间酒店公寓设置1个酒店客网信息点、3个电话点（1主2副）、1个数字电视点。

2. 水平区子系统

水平线缆沿垂直、水平金属桥架及金属管敷设，施工时双绞线敷设至信息点位置后还需要预留30cm，水平配线长度不超过90m。

3. 管理间子系统

每个楼层弱电井至少设一台19″42U标准机柜；周转用房弱电井机柜设置在2层。

4. 垂直区子系统

计算机网络系统分为驻地网、政务外网、园区网、智能化专网等多套网络，垂直区子系统设计如下：

设置室外单模光纤，对各系统垂直区域进行管理。

5. 设备间子系统

机房根据实际大小、设备数量进行设计，设置1″42U服务器机柜。机柜内设光纤总配线架、理线器、网络核心层设备、通信接入等设备以及各类应用服务器。智能化专网按服务器机柜需求设计，机柜内设光纤总配线架、理线器、网络核心层设备、监控存储设备以及各类应用服务器。

综合布线如图25所示。

图25　综合布线

衢州智慧化高新园区数字化改造项目实践

正元地理信息集团股份有限公司

1 建设背景

衢州绿色产业集聚区高新园区数字化改造提升项目是衢州市《关于构建新时代衢州发展战略体系加快建设"活力新衢州、美丽大花园"的决定》攻坚任务书中的一项重要任务，承担着衢州绿色产业集聚区政府数字化转型试点示范项目的责任。

衢州高新技术产业园区于 2002 年 6 月经浙江省人民政府批准建立，2006 年通过国家发展和改革委员会审核，2008 年被科技部授予国家火炬计划氟硅新材料特色产业发展基地。为加快战略性新兴产业发展，在高新园区基础上，2012 年浙江省政府又批准创建氟硅新材料高新技术产业园区，规划面积 15 平方千米，授权管理范围 30.6 平方千米。2013 年 12 月，经国务院批准升格为国家高新技术产业开发区。2017 年，园区总产值达 300 多亿元，主要有氟硅钴新材料、精细化工、生物化工、电子化学品等产业。

在衢州市智慧城市建设和衢州市政府数字化转型的要求下，结合高新园区管理要求，针对高新园区的管理现状和管理目标，通过整合各部门智慧化建设积累的资源，建立以企业为精细监管单元，以协同管理"大安防"为目标的管理模式，本着"结合实际、协调统一、共融共享"的原则，以实现高新园区"管理高效有序、安全可靠可控、环境绿色低碳、服务周到便捷"为核心任务，营造更好的营商环境，推动园区企业转型发展，吸引有实力的企业入驻园区发展，助力衢州市建成"活力新衢州、美丽大花园"。努力建设在全国具有示范引领能力的国家级智慧园区标杆，打造高端化、国际化、循环化、生态化、数字化的园区管理模式。

2 建设内容

建立以企业为精细监管单元，以协同管理"大安防"为目标的管理模式，围绕"管理高效有序、安全可靠可控、环境绿色低碳、服务周到便捷"开展工作，具体建设内容包括标准规范建设、基础数据获取、园区数据资源库、应用支撑平台、园区高效管理专题、园区安全生产专题、园区绿色环境专题、园区企业服务专题、综合指挥中心等板块（见图1）。

图 1　建设范围

2.1　建设运维标准体系

根据国家、行业和地方相关政策、标准规范要求，制定符合项目建设和运维要求的标准体系，规范项目建设和运维工作，保障项目建设的系统性和整体性，考虑未来园区数字化建设在全集聚区推广的要求，使本项目及后续项目建设有据可依，项目管理有章可循。

2.2　基础数据信息获取

摸清园区基础数据是园区智慧化建设的一切前提条件。凭借正元地理信息集团股份有限公司（以下简称"正元公司"）地上地下全空间的数据获取能力，构建全区地上地下全时空地理信息"一张三维底图"，将园区各要素进行空间节点定位，支撑政府更精细化的管理，为民众提供更多样化的空间数据服务。建立地上地下一体化的"玻璃园区"。

2.3　园区大数据资源库

通过水域、陆、空、地下四位一体的全空间地理信息数据获取，真正做到让高新园区像玻璃一样透明。动态获取地上地下空间数据，构建高新园区地上地下"一张图"。

充分接入衢州市大数据资源、整合集聚区现有数据，通过筛选、清洗、处理、补充，建成集聚区大数据资源库，完善市级数据资源体系，并以云服务的方式，通过移动端、网页端和客户端向集聚区中的人、部门、企业提供泛在的时空大数据信息服务。

2.4　统一应用支撑平台

针对园区各部门协同管理及平台建设的需要，在市级应用支撑体系的基础上，建设高新园区统一的应用服务，包括集聚区的二、三维地理信息服务、物联网设备管理服务、视频资源管理服务及数据共享交换服务等，实现各专项应用基于共同的应用支撑平台建设，确保园区数字化改造提升工作的各部分内容互融互通、有效结合。

2.5　园区高效管理

为提高园区基础设施管理服务能力，保障园区基础设施安全、经济、节能的规划、设计、建设和运行，制定包括排水管线、供水管线、供热管线、环卫、园林、窨井、消火栓、工地、管廊等园区基础设施优化监管方案，如图 2 所示。

在园区基础设施大数据的基础上，通过"地理信息+物联网"核心技术，应用先进的传感器设备，打造覆盖园区基础设施的物联网实时监控体系，组建园区基础设施综合监管平台，并实现对各专项基础设施的智能化监管，做到园区基础设施精细化管理。提供实时监控、设施管理、应急预警、数据挖掘、决策分析等功能，保障园区基础设施安全、高效地运行，从而更好地服务园区企业生产和生活。

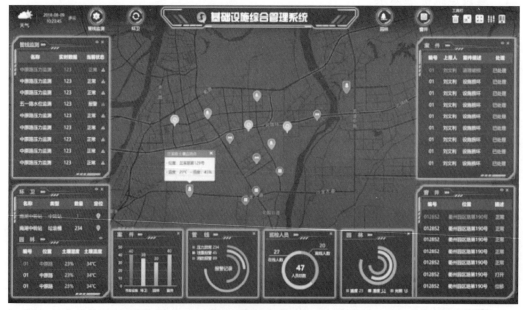

图 2　基础设施管理

2.6　园区安全生产

从园区公共安全与应急管理角度出发，全面、精确、实时地掌握危化品、重大危险源、特种设备、消防设施等各类安全监控点及重要保障设施的状态，建立全域监管模式，实现提前预防、及时预警、有效防控的管理模式，控制可能发生的危险事故和突发事件，建立完善的日常巡检和应急响应机制，并与市级智慧安环一体化平台实现协同管理，共同打造衢州市"大安防"体系，开创化工园区安防管理样板（见图 3）。

图 3　园区安全生产监测

2.7　园区绿色环保

充分利用高新园区现有的环境在线监测资源，建立高新园区环境整体监控体系，包括污染源重点监控网络、空气环境监测网、水体环境监测网，预留组建噪声监测网的服务，如图 4 所示。整体打造园区环境监控体系，实现园区环境整体实时监测，及时发现问题及时预警。监理园区生态质量管理系统，提高园区环境监管与分析能力，开展集聚全面覆盖环境监测网的数据挖掘分析，促进企业清洁生产，保护园区环境生态宜居。

建设基于全时空全覆盖的网格化关键生态环保要素动态表征与智慧管控平台，支持环境质量污染整治，通过大数据分析系统研判环境质量变化趋势，提前预警污染事件，仿真污染后果，辅助环境质量管理决策。

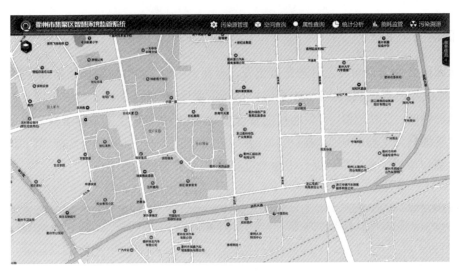

图 4　园区绿色环保监测

2.8　园区企业服务管理

衢州绿色产业集聚区企业众多，占地面积较大，园区管理上会存在一定难度，为此，以服务园区企业为管理目标，以精准全面的企业信息作为企业服务基础，实现园区管路部门与企业之间的实时沟通交流，增强园区企业和园区管理者的黏性。同时加强园区公共交通信息化管理能力，优化园区公共交通服务布局；用信息化、智慧化的手段，提升特色小镇建设水平，支撑小镇旅游、小镇产业发展、小镇招商等工作，如建立园区招商三维服务平台，实现园区招商信息展示、宣传、管理、评估等工作的科学、精细管理模式，如图 5 所示。

图 5　企业管理服务系统

2.9 园区综合指挥中心

园区综合指挥中心从大量数据源（城管网格员、传感器、视频、公众、各单位和公共设施数据以及第三方）收集信息，通过高效手段过滤、聚合以及规范化，利于信息全面、针对性地使用和展现，为园区管理问题的及时发现与快速处置提供支撑，有效提升跨部门决策和资源协调的效率（见图6）。通过园区管理问题的发现上报、指挥派遣、处置反馈、任务核查、督促办理、绩效考评的"六步闭环"监管机制，实现园区动态管理、实时服务；形成分工明确、指挥有力、统一协调、运转高效的工作格局，从而构建一个平战结合、预防为主的高度智能化的智慧园区综合指挥中心。实现全区统一管理平台，以"企业"为精细监管单元，开展相关挖掘评估工作；实现"纵横"协同管理模式，打造"聚点成面"数字化转型管理模式。

图 6　园区综合指挥平台

3　应用情况

3.1　赋能园区全空间、全要素管理，奠定"数字孪生园区"基石

通过航空摄影＋地面激光点云＋地下探测多种数据获取手段，动态获取园区全景真三维地理信息数据，构建园区地上地下"一张图"，形成园区内各要素空间节点定位的底图。以完全自主知识产权的"正元地球"三维地理信息平台为载体，汇聚分散在安监、

环保、城管、市政、交通、环卫、公安等各单位已有信息资源，并进行空间化定位。通过高空、地面、地下各层面物联网感知设备，实时掌握园区动态运行数据，形成园区全空间、全要素的大数据。为构建数字孪生化工园区奠定空间信息基础，通过数字园区与物理园区相互融合，为园区管理提供了全新模式，将极大改变园区面貌，重塑园区基础设施，形成虚实结合、孪生互动的园区管理新形态。

3.2 实现园区人、事、物全程跟踪，打造"封闭管理"模式

根据高新园区化工企业密集的产业结构特点，按照"分类控制、分级管理、分步实施"的要求，构建由园区门禁系统、视频监控系统、交通卡口系统、人员公安监控系统等组成的虚拟封闭园区管理体系，严格控制人员、危险车辆进入园区。进出园区的车辆安装带有定位功能的监控终端，实行规定线路、专用车道和限时限速行驶措施，由园区安全生产管理机构实施统一监控管理。

3.3 探索 AI 视频智能，建立"人工智能监管网"

探索通过人工智能＋时空信息＋视频分析等技术赋能园区智能管理、安全预警、环保监管等各领域，将孤立的监控探头的传统信息有机地融合到三维实景中，并赋予人工智能图像识别分析能力，以在园区各个重要场所、重点区域部署"智能眼"，形成覆盖园区的"人工智能监管网"，全域全时自主地对非法闯入、违章停车、乱堆垃圾、垃圾满溢、占道经营等行为进行主动预警。基于人工智能算法模型，结合物联网监测气象、温湿度、风向、风速、气体污染物浓度等环保数据，实现污染物浓度预测、空气污染溯源、污染时空反演、排污稽查等领域的智能化，助力园区打造环保智能体。

3.4 实现"市、园区、街道、企业"四级联动智慧应急体系

按照"统一接警、网络派单、统一指挥、实时共享、辅助决策、跟踪反馈"等功能要求，以市应急指挥平台为枢纽，以园区应急平台和相关街道及部门应急平台为节点，以企业应急平台为端点，结合园区公共安全形势特点和应急管理现状，构建"市—园区—街道—企业"四级应急指挥网络，实现"集中值守、统一接报；网格管理、分流处置；扁平指挥、智能联动；群防群控、智能监督"，构建一体化园区智慧应急联动指挥平台。

3.5 技术、业务、数据深度融合，创造化工园区管理服务全新模式

深挖衢州市"数据大脑2.0""叮叮钉"基层网格神经元在深度学习、人工智能算法方面的潜能，自我优化化工园区业务流程、资源配置、规划布局等，形成数字孪生化工

园区高效运行的大脑中枢。通过对技术、业务和数据的深度融合，数字孪生化工园区可对物理园区中所有的人、物件、事件、建筑、道路、设施等，都在数字世界有虚拟映像，信息可见、轨迹可循、状态可查、实同步运转、虚实交融，过去可追溯，未来可推演，全区一盘棋尽在掌握，一切可管可控，管理扁平化，以虚拟服务现实。实现园区全域立体感知、万物可信互连、泛在普惠计算、数据驱动决策，作用于园区治理、安全监管、环境保护、企业服务的各个业务环节，推动园区管理服务智慧化，激发化工园区智能化管理和服务的重大颠覆性创新。

3.6 园区综合指挥中心实现"平战结合"

园区的指挥中心作为智慧园区管理的"神经中枢"，高效汇聚海量数据，以园区大数据为基础，搭建园区统一的数据与业务平台，打造高度集成、开放、可扩展的园区综合管理平台。指挥中心的定位是园区的"平战结合"统一指挥调度平台，通过该平台的建设，对园区内各部门管理手段和方式进行梳理，重塑园区管理流程。

当园区处于"战时"，系统将联动园区各子系统，提供一体化应急保障，包含应急预案、应急物资、应急指挥、智能调度等。如果发生突发事故，以储罐发生事故为例，一旦接警，可以准确定位突发事件的空间位置，并评估在周边重点防护区域内企业、危险源、应急资源的分布情况，可以通过该平台查看该事故地点五百米范围内的重大危险源、可能受影响企业及该企业的联系人员信息和紧急联系电话，通过多重响应手段快速通知这些企业组织人员按照指定路线撤离至安全区域，如图7所示。

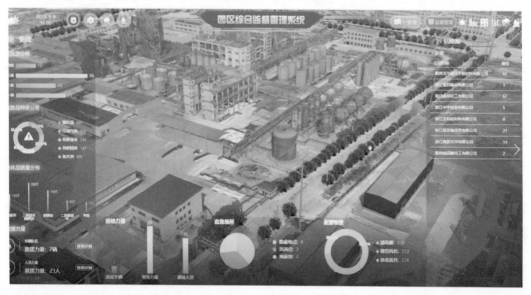

图7　模拟爆炸

4 关键技术

充分应用时空地理信息、5G、物联网、智能计算、人工智能等技术，在数字空间中再造一个与现实化工园区匹配对应的数字孪生化工园区，通过构建物理园区与数字孪生园区一一对应、协同交互、智能操控的复杂系统，使其与物理园区同步运转，通过虚拟服务现实、数据驱动治理、智能定义一切等运行机制，实现园区全要素数字化和虚拟化、全状态实时化和可视化、园区运行管理协同化智能化，形成物理维度上的实体园区和信息维度上的虚拟园区同生共存、虚实交融的化工园区发展全新模式，打造具有深度学习、自我优化能力的化工园区。

4.1 物联网感知技术

物联网（Internet of Things）是不同传感器之间按约定的协议进行信息交换和通信，以实现物品的智能化识别、定位、跟踪、监控和管理的一种网络。简单地说，物联网就是通过传感器联网，实现物与物之间的通信。物联网将人与人之间的通信连接扩展到人与物、物与物之间的通信。

4.2 空间信息技术

与一般的信息系统相比，地理信息系统（Geographic Information Science，GIS）的最大优势是空间可视化，即可以直观地看到事物的地理空间分布情况。对于管理对象是地理空间分布的部门，如规划、国土、环境、交通、农业、水利、铁道、地震、气象、海洋等，GIS 是信息化必建项目。目前，GIS 已经机进入网络化、三维化发展阶段，出现了 WebGIS、3DGIS。

数字孪生化工园区的全域智能终端数据采集，涵盖三个核心要素：时空信息+数字标识+智能终端。时空信息是通过对园区建筑、道路、桥梁、井盖、路灯、管廊、地下管线、地下停车场等基础设施进行全面三维数字化建模，作为信息载体展现园区空间形态；数字标识作为园区中人、事、物在数字空间的唯一索引，表征园区中人、事物身份信息，用于数字信息和实体之间的精准匹配、建立连接和管理控制；智能终端是布设在高空、地面、地下等各层面的物联网感知设备，用于采集城市所有静态和动态信息，形成数字孪生园区在信息维度上对物理园区的精准信息表达和映射。

4.3 大数据技术

随着信息化建设的深入，数据量呈爆炸性增长态势。大数据是指无法在一定时间内用常规软件工具对其内容进行抓取、管理和处理的数据集合。大数据的核心内容是数据挖掘和数据可视化，使人们从数据中获得有价值的信息和知识。

随着城市信息化建设的深入，许多政府部门积累了海量数据，迫切需要进行处理、分析和数据挖掘。利用大数据技术对海量数据进行管理和挖掘，是提高城市规划、建设和管理智能化水平的重要手段。

4.4 人工智能技术

人工智能是研究和开发用于模拟、延伸和扩展人的智能的理论、方法、技术及应用系统的一门新的技术科学。人工智能是计算机科学的一个分支，它试图了解智能的实质，并生产出一种新的以人类智能相似的方式做出反应的智能机器。

5 社会价值

5.1 推动城市相关智慧产业的发展，赋能产业结构优化升级

建设智慧园区，推动城市相关智慧产业的发展，形成产业规模效应，推动产业结构优化升级。以智慧园区建设作为亮点，助力城市智慧化建设，将智慧园区的管理方式融入城市管理体系中，实现城市管理模式的"智慧化"。打通企业、政府和公众的沟通渠道，最大限度地满足企业及社会的需求。通过全面提高园区信息化、智能化、集成化水平，打造安全、高效、互动性强的智慧园区，提高园区社会知名度。

5.2 促进经济发展，推动园区经济向集约型转变

智慧园区建设的辐射作用，为周边经济发展创造动力，促进区域经济发展，实现园区经济发展由分散型向集约型转变。通过智慧化平台对园区进行集中化管理，实现园区内的信息互通与资源共享，从而提高能源、资源利用效率，降低资源损耗，节约企业生产成本。

5.3 有利于保障园区安全，加强园区应急指挥能力

对园区基础设施、公共设施、自然环境等的安全运行状况进行实时监控以及安全预警，让园区安全无死角，园区隐患一览无余，让园区安全从"事后控制"向"事前预防"逐步转变，提升园区的安全效能。

智慧化的建设为管理部门提供了第一手园区管理基础信息和监测信息，保障管理部门准确掌握园区管理真实信息，通过智能化管理方式，将大大提高园区各部门信息共享交换与协同工作能力、提高园区与市相关管理部门的垂直管理能力，有利于园区的安全，

促进区域经济和社会和谐。

5.4 提升营商环境，提高企业满意度

项目的建设以"企业"为监管单元，通过综合实时监管，提升企业管理水平和精准服务能力；通过精准到位、重点信息全面监管，让企业加强自身管理、准备，打造城市民生工程。提高基础设施信息化综合管理水平，确保园区综合管理设施的完整性，同时减少对园区环境面貌的损害，保障园区和谐发展，打造生态文明的园区。有助于推进园区的发展和宣传，促使衢州智慧园区建设走在全国的前列，提升政府形象。

1978 智慧电影小镇项目实践

广州市增城区城乡规划与测绘地理信息研究院

1 建设背景

1978 智慧电影小镇位于广州市增城区增江街道，是以"影视+智慧"为主题，融合山水生态、文化创意、影视创作、科技文化、智慧管理等要素的特色小镇。其建设背景从政策导向、产业导向、发展需求、发展优势四方面论述。

1.1 政策导向

2016 年，广州市委市政府提出"特色小镇"发展战略。作为新常态大背景下，广州十三五规划期间，甚至更长时期的经济、社会、文化和生态建设的一大抓手，通过科学规划建设一批产业特色鲜明、人文气息浓厚、生态环境优美的特色小镇，打造成珠三角地区最具岭南特色的文化创意、休闲度假、健康养生的景观产业带。根据《中共广州市委广州市人民政府关于加快规划建设北部山区特色小镇的实施方案》，花都、从化、增城北部三区重点打造 30 个特色小镇。其中增城区的主要任务是建设以 1978 电影小镇为主的十个特色小镇。

1.2 产业导向

2019 年中共中央、国务院印发的《粤港澳大湾区发展规划纲要》明确了支持广州建设岭南文化中心和对外文化交流门户；推进大湾区新闻出版广播影视产业发展。2019 年，广州市增城区率先出台了《增城区促进影视产业发展的若干意见》《2019 年度增城区影视产业专项扶持资金申报指南》，设立增城影视专项扶持资金，涵盖了影视企业落户、企业投资、影视拍摄、后期制作、剧本创作、影视作品播映、人才落户、金融支持、税收优惠等诸多层面的扶持措施。

1.3 发展需求

增江街是增城中心城区的重要组成部分，一方面，其传统居住、生活功能相对完善，但现代化、智慧化程度不高，相应的配套服务功能也有待升级；另一方面，增江东岸沿线地区有大量闲置旧厂房，占据着稀缺的深水景观岸线资源，有必要进行更新、改造，逐步向现代服务和文化创意、智慧应用等方向转型。按照习近平总书记在视察广州时提出的实现"老城市、新活力"的目标，旧城更新和服务升级均待提速。

1.4　发展优势

1. 区位优势

小镇地处粤港澳大湾区的黄金走廊。增城是广州市东部重要的交通枢纽，高铁、城际铁路便捷连接广深、香港。未来将有 3 条地铁线路接至广州市中心，为小镇的发展创造了有利的外部发展基础。

2. 资源优势

近年来，南方电影盛典、华语音乐传媒盛典、华语戏剧盛典、中国戏曲电影高峰论坛等"国字号"文化界盛事陆续在小镇上演。近 30 部影视作品剧组奔赴小镇进行取景拍摄。中国国际儿童电影节组委会影视教育培训实践基地、尹大为导演工作室等 90 多家优质影视企业和商家进驻，主要涉及电影、音乐、广告、设计等文创产业。

3. 技术优势

智慧小镇的建设合作伙伴为广州市增城区城乡规划与测绘地理信息研究院，该院多年来在智慧城市规划、建设与管理方面均有丰富的实践经验与数据、技术积累，已整合全区 23 个委办局的海量空间数据，并以先进的产品技术和专业的服务成为许多政府部门与企业用户长期信赖的合作伙伴。

2　建设内容

1978 智慧电影小镇建设由增城区政府引导，企业改造经营。于 2014 年 7 月起，以增城原糖纸厂遗址为基础，通过对厂区内的旧厂房、旧仓库，以及周边散落民居旧村庄进行创意性整合开发微改造而成。目前是广州市内旧厂房改造最大的一个项目，已荣获"广州市微改造城市更新"授牌。小镇建设目标是成为粤港澳电影产业合作示范区、广州东影视文化旅游产业标杆和增城文化旅游新名片。

为了建成以电影产业为核心，以智慧管理为特色的生态园区，小镇开展了四个方面的工作：第一，对小镇进行顶层设计，以全局的视角对前期规划、后期运营进行统筹。第二，夯实基础，应用先导。信息化是小镇智慧化建设的基础，夯实基础设施、数据中心、应用平台等的信息化建设，为实现智慧化提供基本保障。在此基础上，核心问题是根据小镇场景和实际需求设计智慧应用，通过对实际需求不断迭代的应用实现，推动智慧应用的落实与完善。第三，智慧运营与创新。通过建立统一的智能化集成平台，连接小镇的各物联网终端设备，采集、整合、分析小镇的运营数据，以数据为核心，推动小镇智慧运营与发展。第四，产业升级，生态汇聚。通过对小镇的智慧化建设与运营，提升小镇的营商环境，汇集产业资源，引领产业革新与产业升级，构建产业生态，实现产业价值升级，带动小镇整体经济提升。

1978 智慧电影小镇的主要建设内容框架如图 1 所示，主要是依托增城区城乡院在 GIS 数据、BIM 数据和专项普查数据方面的积累，引入物联网实时感知、大数据分析与挖掘、云计算等技术，重点在园区智慧化管理和园区营商环境提升方面下功夫，开展智慧园区系统、营商环境提升系统、产业发展辅助决策系统和综合管理系统的建设。

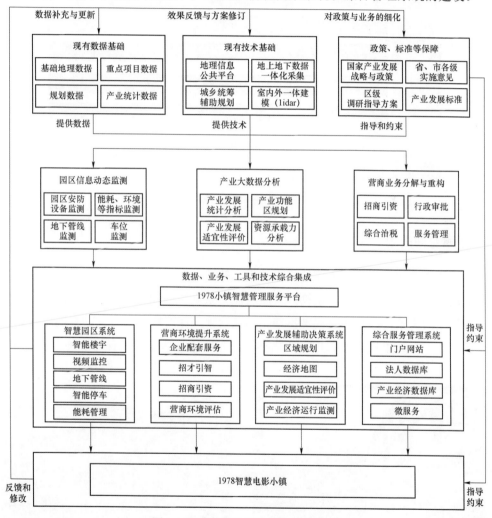

图 1　1978 智慧电影小镇建设概念图

3　应用情况

当前 1978 小镇建有基于 GIS 云服务的园区综合管理信息平台，包括园区三维展示子系统、地下管线子系统、智慧停车子系统、智慧安防子系统、智能灯杆子系统、移动园区信息采集子系统、智慧楼宇子系统等，可通过政务外网接入数字增城政务空间信息服务平台与智慧规划辅助决策平台获取园区地理信息数据与规划专题数据。小镇的智慧应用主要体现在以下方面，如图2所示。

图2　1978小镇智慧应用

3.1　智慧空间规划

传统规划多采用平面、个体的规划体系，忽视了规划主体与大环境的共同发展。本项目运用三维规划的手段（如建筑外立面与江岸景观线的设计布局、园区透视分析等），充分考量空间因素，通过建筑局部拆建、功能置换、保留修缮等方式，实现原有糖纸厂工业遗产建筑群特色风貌的保护与活化利用，园区建筑功能得到有效改善（见图3）。

图3　园区建筑物活化前后对比（一）

造纸车间

1978电影城

工厂仓库

白教堂

图 3　园区建筑物活化前后对比（二）

3.2　智慧基础设施体系建设

依托物联网、云计算、大数据、新一代移动通信等技术，为小镇构建智能化集成平台，将分散的信息设施、建筑设备、物联设备进行统一集中的管理。该智能化集成平台具有如下特点：① 统一的可视化管理平台。对小镇管辖范围内的所有物联设备、建筑资产和信息基础设施纳入集中管理，统一收集数据并进行多源数据融合及分析，然后通过可视化界面呈现。② 降低小镇运维成本。异常设备、指标的多位可视化呈现和分析，让快速故障定位与发现问题成为可能。③ 优化小镇运营策略。系统通过每日人流统计、人流汇聚区域分析、场馆门票预订信息等进行精准分析及科学预测，为小镇运营提供科学依据。

该集成平台主要收集及处理的物联网数据包括：

1）车辆管理数据。小镇带有 311 个户外车位的停车场，后续待二期、三期开发完成，将会有更多室内停车位纳入系统进行管理。系统将无线通信技术、卫星定位技术、GIS 技术等综合应用到车位信息的采集、管理、查询与导航服务中，使有限的车位资源得到最大化的利用以及给车主提供最优化的停车服务（见图 4）。车辆无论进出小镇，系统均可智能识别车牌，并实时统计每时段车流量，根据车流情况进行车位引导及智能疏散。车主进入小镇的那一刻，就可以通过电子显示屏获得空闲车位引导信息。在每一个停车位均安装有感应器，可以自动感应车位是空闲的还是正在被占用的，并在显眼位置通过不同颜色指示灯进行指示，有效解决车主盲目寻找车位的问题。车主可通过线上线下结合的多种支付方式进行停车费结账，包括出闸现金支付、提前扫码支付或 App 在线支付等，不再让缴费成为堵车排队的理由。此外，车主还可以通过系统进行车位预约、反向寻车、周边信息推送等服务。

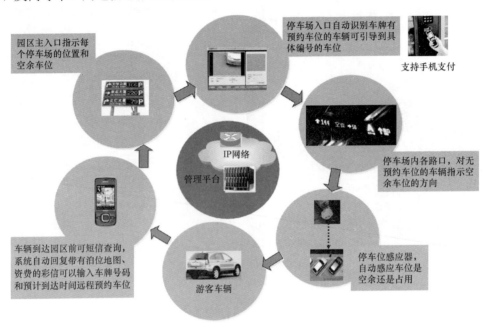

图 4　智慧停车示意

2）视频监控数据。小镇大部分是开放的公共场所，人员复杂，需要实时掌握所有场馆、主干道以及内街的治安信息，保证小镇的安全运营。为保证小镇不存在监控盲点和死角，在小镇内各节点都装有摄像头，利用有线或无线网络把监控的现场数据传输至指挥调度中心，为治安监控、突发事件处理、应急预案制定提供有力保障。目前，小镇内交叉路口全部安装了高清摄像头和夜视红外摄像头，合计 117 个。

3）客流分析数据。小镇内主要场馆的出入口均装有客流采集分析设备，实时统计当前场馆人数。通过对这些数据进行监控，当人数超过预警峰值时进行报警提示。同时，这些人流数据会实时反映在系统平台上，在小镇地图上根据当前场馆人数与阈值进行对比，并通过不同颜色进行可视化展示，保障小镇场馆人流量的均衡分布，维持小镇秩序稳定。

4）环境监测数据。小镇主干道搭建了 19 根智慧灯杆，除搭载 5G 微基站完成园区总体 5G 覆盖外，智慧灯杆上还装有摄像头、气象环境传感器、展示屏等设备实现对小镇数据的采集，并回传管理平台，从而实现智慧照明、环境监测、安全监控、信息发布等功能，如图 5 所示。作为未来智慧城市信息采集的主要入口，多功能智慧灯杆将多系统整合为智慧管理平台，实现"一盏灯"连接"一张网"，将数据传输到"云"上，实现数据共享、信息融合，大幅提升城市运行的效率。目前正在开展智慧楼宇建设，构建园区建筑的 BIM 模型，在园区的每个建筑安装能耗监测、环境监测等传感器，实现对园区智慧能耗管理与安全隐患排查。

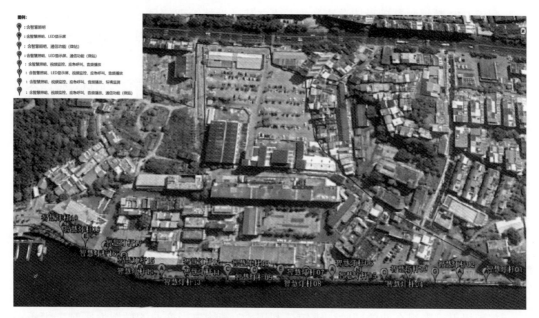

图 5　小镇智慧灯杆布局

3.3　智慧园区信息平台建设

数据采集方面，完成基础设施普查与"四标四实"等信息采集，包括一期范围内消防栓、地址、门牌、道路等信息与照片，后续将结合公安部门的实有人口与实有房屋等信息开展信息融合。数据管理服务方面，建设基于 GIS 云服务的 1978 小镇三维实景展示系统，通过系统进行小镇的三维展示、空间量算、房屋信息与部分视频监控信息的初步管理展示，计划将园区内公共基础设施（消防栓、井盖、灯杆、视频监控、烟雾感知器等）通过物联网（Internet of Things，IoT）同步展示与管理，实现园区实时三维管理与动态应急管理。

1978 智慧电影小镇的实景三维平台，在整个小镇的信息化建设中，发挥着基础支撑作用。如通过小镇的实景三维模型，实现小镇资源的实时盘点和可视化管理，对小镇各建筑物内设备的运行状况、实时数据、属性信息等进行综合展示，实现对小镇运营的立体管理。通过对小镇各种资源进行整合、调度、评估和统筹规划，为小镇资源的优化配置、政策倾斜和资源的可持续利用提供服务。通过对小镇土地资源、楼宇资源、项目资源、招商统计数据以及企业信息等各类招商资源整合，可对各类招商信息资源进行统计分析和辅助决策，对招商过程进行全方位的信息化管理。

此外，建设了小镇的三维实景导览系统，实现小镇资源的查询、定位和导览服务。游客不光可从空中、地面等不同角度全方位地对小镇进行游览，更可自主规划游览路线。附加在建筑上的文字和语音介绍，提升游客游览的体验。

利用 GIS 数据与基础设施普查数据，建立基础设施管理信息系统，对基础设施进行数字化存储建库，从而实现对小镇设施、地下管线等的精细化管理。如基于众采平台的电子巡更系统，巡查人员利用手机微信的众采小程序对巡视地点、时间、次数进行精确记录，还可通过手机对异常情况拍照上传，管理人员通过平台快速查看情况，指派人员进行处理。此系统不仅能对保安值班人员的巡查工作进行有效的监督和管理，而且可以有效缩短隐患的发现及解决时长，大大加强了小镇的安全管理。

3.4 智慧电影产业建设

小镇的龙头产业为电影文创，目前正在蓬勃发展中。已有中国戏曲电影高峰论坛、南方电影盛典、南方音乐盛典、华语戏剧盛典 4 大 IP 陆续入驻，橙品影视、晶彩影业、广东弘数传媒等一批优质的影视公司也签订了入园合作协议。二期项目将引进 200 多家涉及剧本创作和交易、电影投资、人才孵化培训、电影拍摄、后期制作、影视宣发、颁奖典礼等电影全产业链的企业。

在积极引进影视企业的同时，小镇还利用 5G 带给电影产业的颠覆性影响，积极布局，打造 5G+影视文创基地。如电影拍摄方面，引进 5G+4K/8K 拍摄实现实时拍摄、实时传输、云上渲染、云上制作，达到远程处理，多点共制，有效提高电影拍摄效率及效果；后期制作方面，与台湾果禾影视科技公司携手，运用实时 CG、动态捕捉、虚拟数字影棚等先进技术，构建 10 个数字影棚；在影视宣发方面，利用 5G+VR/AR 技术构建虚拟现实交换体验区。

4 关键技术

1978 智慧电影小镇建设的关键技术主要包括以下几点：

4.1 基于物联网的园区信息实时感知技术

依托物联网与新一代移动通信技术等技术，为小镇构建实时感知的信息监测网络，发展智慧基础设施管理、智能商业、智能监管、智能预警等功能（见图 6）。在感知信息网络设计中，充分考虑整体智能系统所涉及的各个子系统的信息共享，确保系统的先进性、合理性、可扩展性和兼容性。

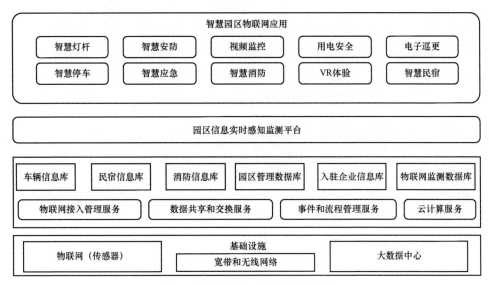

图 6　园区信息实时感知监测网络

现阶段基础网络建设提供 100M 以上宽带接入、4G 信号及免费 WiFi 全覆盖，5G 通信服务预计一年内建成；中心机房为小镇所有企业提供安全、可靠、快速、全面的数据存放业务及增值服务；云计算数据中心则按需为企业提供共享的软硬件资源。

信息实时感知 3058 监测网络主要由搭载在园区智慧基础设施上的视频摄像头和各类传感器构成，其中涉及的基础设施包括：

监控探头（安防、人流车流监控、高空瞭望）；

智能照明设备（智能调光、绿色节能、远程维护管理）；

传感器（噪声监测、空气质量监测、温湿度监测）；

户外显示设备（导游导览、时政宣传、信息发布、公益及商业广告）；

智能识别设备（车牌识别、人脸识别）；

电子收费设备（支持刷卡消费、移动支付）。

4.2　多源社区信息数据采集与融合技术

针对当前社区信息化存在的问题，如缺乏统一业务规划、"信息烟囱"林立、基础数据重复采集、数据非本地管理、缺乏更新维护机制、跨行业融合应用困难、缺乏信息资源共享机制等，提出以四标四实数据和公共服务平台为基础、关联更新为可持续机制、网络协同为应用模式的社区智慧政务整体解决方案（见图 7），重点研究基于四标四实的社区政务信息数据集成技术（数据众包技术）、四标四实对象多要素关联更新方法和基于四标四实实体对象的跨部门业务协同等相关技术，有效解决社区政务数据重复采集扰民多、数据同步更新实现难、信息融合应用缺等问题，有效支撑"上面千条线，下面一张网"的社区数字治理新模式。在数据共享和融合方面，开展多要素关联更新，主要是以数据更新紧密相关的频率、内容和方法为标准，对社区政务各行业数据更新方式进行分类，建立数据更新自适应控制模型，实现多时态一致性协调引擎，重点协调处理各行业数据的版本、时态、业务、区域、操作和日志等内容，提出对象时态化控制处理技术方法，实现多行业基础数据持续更新。

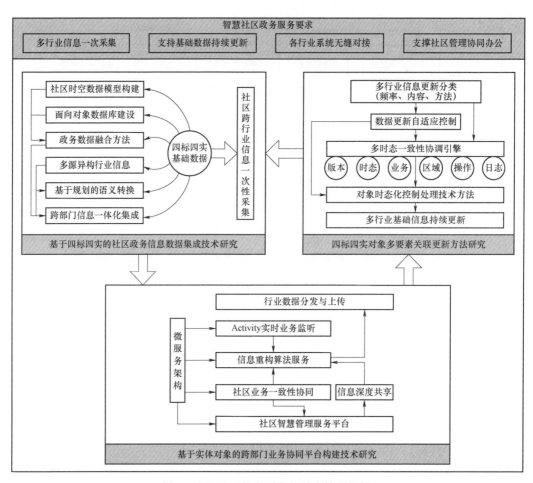

图 7   多源社区信息采集与融合技术框架

4.3   基于 GIS 云服务的智慧园区信息平台建设

基于地理空间信息的园区产业发展精细化服务和管理，利用地理空间数据的载体特性，将区域规划（地块规划、产业布局、产业链分析）、设施建设（房屋、市政、教育、医疗、商业等）、招商引资、企业落户、企业服务（工商、税务、人事就业、劳动保障、环境保护、科技支持、产品推广、融资）、企业成长等环节，按照特色园区、地块、楼宇、企业、人员等不同层次、相互从属的空间实体信息进行融合，实现产业政策与措施的有效落地。

利用物联网的智能感知优势与 GIS 的可视化、空间定位等优势，对小镇内的各种公共基础设施上的智能感知设备数据通过 IoT 进行收集，并对这些数据进行整理、融合与分析，展示到管理平台上。其次，利用实景三维模型与现实场景的高度模拟，可以对某些突发事件进行还原，便于工作人员了解园区现状，且方便领导决策（见图 8）。

图 8　智慧园区实景三维信息管理平台

4.4　VR 虚拟拍摄及实时成像技术

为凝聚核心竞争力，引进"华南虚拟影视制作地基"落户小镇，10 个数字影棚在建，引入国内首创的 2D 实时合成技术、3D 实时合成技术、2D 转 3D 制作等尖端技术。创新的智能实时合成技术，打造虚拟数字拍摄系统，运用神经网络算法，动态识别人像特征并进行捕捉，精确采集记录人像的各项信息及位置运动数据，实现超精细抠图，并实时地把现成的 2D 或 3D 场景和人像进行合成，增强拍摄的互动性。智能影视系统内嵌上千套丰富的主题场景，影视创作者可以轻松实现丰富的动态视频效果，减少大量后期的制作成本和难度，极大地推动智慧影业的发展。

此外，1978 小镇通过 VR 影视、VR 广告、VR 直播等内容制作作为切入口，引入 VR 解决方案，涉及媒体生产、发布、播放等各个环节，打造 VR 全生态。其背后的技术支撑是利用云服务，通过一键式的 VR 直播技术平台，将全景视频采集、处理、分发、播放、互动集成一体，使得媒体创作者只需一台全景相机便可轻松获得 VR 制作能力，并快速开展 VR 视频业务。

5 社会价值

环境改造方面，通过对原糖纸厂内旧厂房及周边旧村庄的智慧改造，在"拆旧引新"之外，实现向新产业、新园区的转变，使得城市旧貌换新颜。配合文化创业产业的发展，小镇周边的体育休闲、公共服务设施得以增加，道路交通环境得到整治，周边绿地广场、景观资源得到重新规划及保护，从而带动旅游业、社会服务业发展，使当地环境效益大幅提升。目前小镇已获得国家 3A 级旅游景区称号，正努力争创建国家 4A 级旅游景区。

社会效益方面，1978 智慧电影小镇的建设及运营，一方面促进了广州乃至华南电影文化创意产业的发展，另一方面更成为增城的城市名片之一，先后荣获了"中国乡村旅游创客示范基地""广州首批特色小镇""广州市众创空间""广州市创新创业（孵化）示范基地""广州市级文化产业示范园区""广州年度最佳文创园区""2019 中国智慧小镇奖"等称号。

经济效益方面，本项目总占地面积约 309 亩，分三期开发。一期主要以传统商业和文创产业为主，吸引 100 多家企业入驻，带动 3000 个就业岗位，实现年产值 2.5 亿元。二期根据"科技＋文旅＋产业"的模式致力于打造湾区影视产业孵化中心，未来将带动4000 多个就业岗位，实现高达 20 亿元的年产值。三期全力打造枢纽型国际影视产业中心。

泰州智慧化工园区应用实践

广州都市圈网络科技有限公司

1 建设背景

1.1 国家层面

近年来，随着中国城市化加速发展，中国智慧城市建设不断加速，相继出台多项政策推进智慧园区的建设，更多的园区投身于园区的智慧化建设中，"智慧园区"建设已成为发展趋势。

工业和信息化部副部长辛国斌在国家新型工业化示范基地工作交流会上表示，"十三五"期间要抓住"互联网"带来的发展机遇，逐步推动工业园区智能化转型。辛国斌表示，以新型工业化示范基地为基础，引领带动我国工业园区不断提高发展质量，形成一批具有国际先进水平的产业基地，是制造强国建设的重要任务。"十三五"期间要重点抓好四方面工作：一是要围绕制造强国战略主线，着力提升工业园区发展质量；二是要抓住"互联网"带来的发展机遇，逐步推动工业园区智能化转型；三是要对接国家重大区域战略，积极探索差异化发展路径；四是有效整合各方资源，不断加强对工业园区的引导和支持。

1.2 安全监管层面

2019 年 3 月 21 日 14 时 48 分许，江苏省盐城市响水县陈家港镇化工园区内江苏天嘉宜化工有限公司化学储罐发生爆炸事故，并波及周边 16 家企业。事故共造成 78 人死亡、76 人重伤、640 人住院治疗，直接经济损失 19.86 亿元。

2019 年 6 月 13 日，在国新办的新闻发布会上，谈及化工园区的安全管理问题，应急管理部危险化学品安全监督管理司司长孙广宇指出，目前，化工园区安全生产管理仍然存在着一些问题：化工园区规划布局不合理，设置比较随意，甚至有的地区连乡镇都可以随便划一块地方设置化工园区。但是，安全、环保、应急等配套力量建设缺失或者不匹配，带来安全风险。同时，化工园区建设运营的标准缺失，建设运营水平还比较低，园区内企业之间缺乏产业链的关联，这要求化工园区根据前后产业链来进行科学的规划、设计和布局，设置专门的安全管理机构，探索专业化监管模式，明确属地监管责任，化工园区的安全监管体制建设迫在眉睫。

园区是企业的集合，因此化工安监的主体责任之后落实到企业才能真正地将园区的安全落实到实处，在本案例中，通过"五位一体"平台规范化工企业管理流程，下放园区安监案例，监管区域也以企业为单位进行划分，旨在充分发挥企业的主观能动性，主动进行生产全流程管控。

2 建设内容

化学工业的生产过程具有较高的危险性，而管理方式与运营水平的相对落后，则制约着行业的发展。针对这一问题，本案例围绕"物的不安全状态监测、人的不安全行为监督以及安全过程的规范管理"这一主轴线，深入研究化工过程安全管理与安全生产保障体系，构建了符合行业标准的化工安监管理平台。平台将重大危险源预警监测系统、可燃有毒气体监测预警系统、安全分区管理系统、人员在岗在位管理系统、生产全流程管理系统五个部分融为一体，实现风险的分类分级管控。

2.1 重大危险源监测预警子系统

1. 系统架构

重大危险源监测预警子系统针对化工安全中的"两重点一重大"围绕实时监测、超限预警、处置联动，实现重大风险隐患的立体防控。系统由传感器、数据采集装置、企业生产控制系统以及工业数据通信网络等组成，同时配备系统安全防护设备，如图 1 所示。现场传感器预警参数和储罐内介质液位、温度、压力参数可通过报警控制器或 DCS 系统上传至企业信息平台。

2. 系统功能

1）重大危险源监测。危险源监测对园区内高危危险源的分布进行展示，对工艺的运行状态进行呈现，辅以统一的视频监控。

2）危险源分布管理。化工园区内的一些罐区、库区和高危工艺区都是危险源，在整个化工园区的室内和室外地图上展示危险源的分布位置。

危险源是化工园区的重要区域，也是危险区域，所以要对其进行实时监测。比如监测危险源的温度、压力、液位、浓度等指标是否超过警戒阈值，如果超出阈值范围，则要在地图上相关危险源处发出警报，并提醒相关负责的工作人员赶紧处理，及时解除危险警报。

界面下方展示出最近 7 天各个危险源的报警情况统计和各个危险源的温度、压力、液位和浓度指标情况，相关决策者可以清晰了解到园区各个危险源的整体运行情况，如图 2 所示。

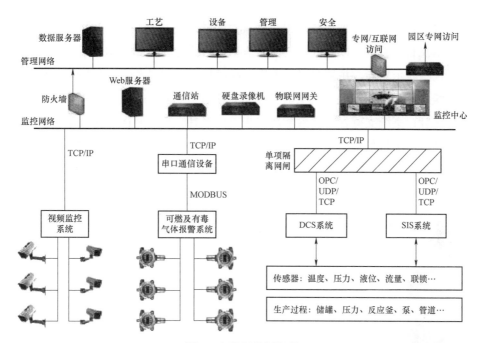

图 1　危险源监测架构

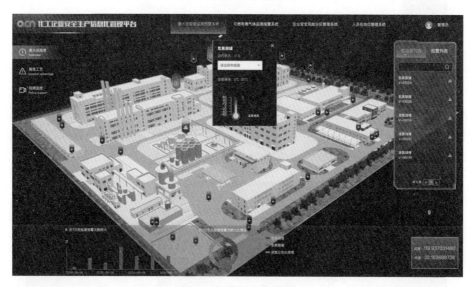

图 2　危险源分布监测

具体而言，危险源分布管理可在以下场景中发挥作用：

重大风险源监测：通过标准的 DCS 协议从设备中控平台对接罐体以及其他监测设备的实时数据。

可燃气体监测：根据对接的数值能够通过标签方式在罐体上显示实时的数据值，让管理人员更加直观地了解运行状态。

风险趋势监测：以时间轴为基准进行重大风险源的监测数值的叠加显示；同时叠加

折线使用颜色进行区分,展示模拟量参数实时趋势、历史趋势信息。

风险信息自由查询:以时间、点位等信息自由分组显示和查询显示,具有开光量状态图、柱状图显示功能,并且在同一坐标上同时显示模拟量和开光量以及变化情况。同时,本系统还能对重大危险源的实时数据进行统计分析,并进行趋势研判。

状态统计:系统支持各类参数和历史报警的统计、查询和图表化显示、报表输出等功能,具体显示项目包括模拟量实时监测值及其最大、最小、平均和累计值,开关量状态及变化时刻,报警及警报解除信息,系统阈值设定操作日志等。数据统计与分析结果,应可按要求报表输出,如图 3 所示。

图 3   危险源状态统计

趋势研判:以折线图、点状图等形式显示模拟量参数实时趋势、历史趋势信息,能够根据时间、点位等信息自由分组显示和查询;具有开关量状态图及柱状图显示功能,能在同一时间坐标上同时显示模拟量和开关量及其变化情况等,如图 4 所示。

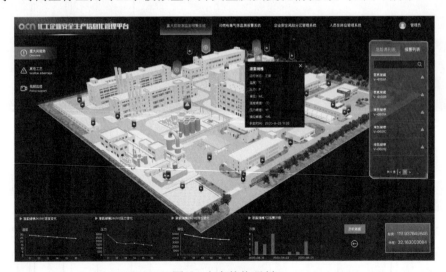

图 4   安全趋势研判

3）高危工艺管理。工艺管理是通过对化工工艺危害和风险的识别、分析、评价和处理，从而避免与化工工艺相关的伤害和事故的管理流程。它主要面向制造业与工业工艺，并帮助企业识别、了解和把控高危工艺中的风险，建立一套系统的业务改进机制、企业风险管理方法以及安全标准。

在本系统中，是在地图上展示化工园区高危工艺的分布位置，并以弹窗的形式展示各种高危工艺的生产流程。

高危工艺是化工园区极其重要的一项，所在区域也是极其危险的区域，所以我们既要保证高危工艺流程的正常进行，也要保证其流程的安全及其周围环境的安全，因此要对化工园区的各种高危工艺进行实时监测。

通过本系统的建设，化工园区的管理人员可对每个高危工艺的整个生产流程进行监测，然后要对生产流程中每一步流程的各项指标进行监测，如温度、压力、液位等，如图5所示。一旦高危工艺的生产流程中的某一步的某项指标超过了警戒阈值，则要立刻发出警报，并通知相关负责人尽快处理，尽快解除警报，尽快恢复高危工艺的生产流程。

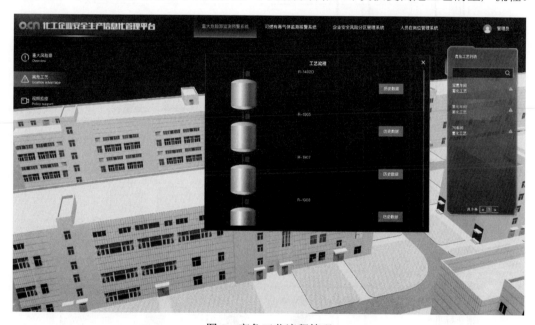

图5　高危工艺流程管理

2.2　人员在岗在位管理子系统

1. 系统架构

人员在岗在位管理系统基于"高精度定位+地理围栏"技术，实现化工企业生产区域人员管控、分类统计出入生产区域企业人员、外来人员、运输车辆信息，精确显示当前厂区内在线人员以及车辆动态，杜绝未经批准人员进入生产区域，在危险发生时能够立刻掌握涉险人员情况，提高救援效率，从而提升企业生产人员安全精细化管理水平。

其中定位管理系统的架构（见图6）组成如下：

定位信标：铺设在地面道路上，作为定位基础网络设施；

定位胸牌：工牌、定位卡多卡合一，接收定位信标信号，将信号通过协议技术进行回传；

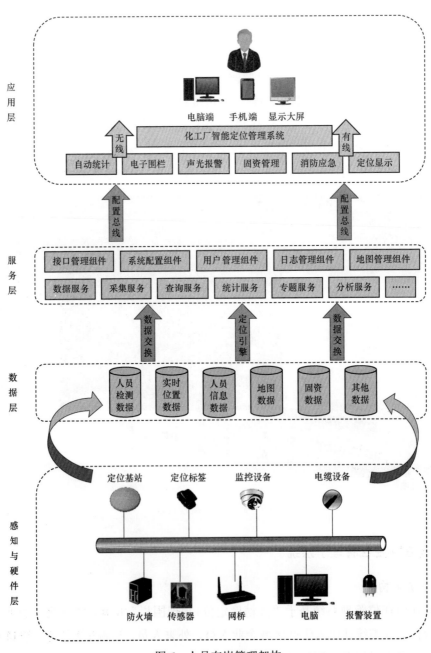

图6 人员在岗管理架构

基站（通信）：人员在工作过程中，定位区域内的定位基站不断收到该工作人员佩戴定位标签发射的定位信号，经后台定位引擎解算出工作人员的精准位置，并在电子地图上显示；

定位与地图服务器：定位解算，提供位置信息；

PC后台：在后台查询详细位置及信息，以及系统后台管理；

部署方式：选择云部署，基站与定位服务器之间采用4G通信，利用互联网，完成数据回传。

2. 系统功能

1）人车定位与追踪。人车定位对厂区内的工作人员、外来人员及车辆进行定位跟踪管理，保障人、车及厂区范围内的安全。人员、车辆的数量、类别信息可在大屏直接显示。

系统支持室内外人员及室外车辆定位管理，包括基本信息查询、移动轨迹追踪、行动轨迹回放等。系统提供告警管理，包括人员离岗、串岗、超员等监控告警功能，车辆超速、偏离路线、违规停车、超时滞留等监控告警功能。

用户可在三维场景中实时进行室内外人员定位，了解人员的实时移动位置信息，在场景中选中一人进行轨迹回放并查看该人员的详细信息，包括姓名、岗位、职责等。用户亦可在三维场景中实时进行室外车辆定位、轨迹回放、设定规定路线，查看车辆驾驶人员、可移动范围等内容（见图7）。

系统支持对各区域人员数量、车辆数及人员、车辆报警次数的图表统计，方便厂区管理人员掌握人、车分布及报警高发区域信息。监控大屏实时显示人员及车辆的位置及数量，包括基本信息查询。

图7　人员定位

具体而言，人车定位功能可实现如下目的：

在三维场景中实时进行室内外人员定位，可以了解人员的实时移动位置信息、在场景中选中一个人员可以进行轨迹回放；支持在三维场景中动态进行电子围栏设置、对于人员的离岗、串岗、超员、无权限闯入、滞留等都会触发报警。

在三维场景中实时进行室外车辆定位、轨迹回放、设定规定航线以及规定路线，如果特定车辆发生偏航、违规停车、超时滞留等都会触发报警，并在较长时间内，实现轨迹的可追溯、可取证所有的实时运行状况都以数据保存，可对任意车辆的历史运行状况进行读取，也可作为直接取证依据。

移动位置实时监控：园区的全域范围，即车辆的所有行驶和经停区域内，可实现车辆的移动位置实时监控。

区域管理及报警：车辆在园区内的任意区域停留时间可做提示，车辆进入或靠近非法区域，控制系统进行显示的同时可实时进行报警提示。还可根据需要做分级提示报警。

人员与车辆身份识别：每一辆车的车载卡也是其身份卡（标签），每一个车载卡（标签）拥有一个固定的 ID 号，里面可储存该车的车牌、车主、类型等信息，即在做位置监控的同时，也作对应的车辆身份管理。输入人员或车辆名称，实现对单一人员/车辆的目标跟踪，并展示该人员/车辆的相关信息。

2）危险作业区域电子围栏绘制。危险作业区域和电子围栏的设立是为了对危险作业进行管理。设置作业区域、作业时间、作业人员、车辆等信息，对作业区域进行监控。用户可自行绘制添加室内外危险作业区域和电子围栏，并在地图上标注出来；绘制完成后需进行相关信息录入，包括名称、作业时间、人员、车辆、摘要等详细信息并提交（见图8）。

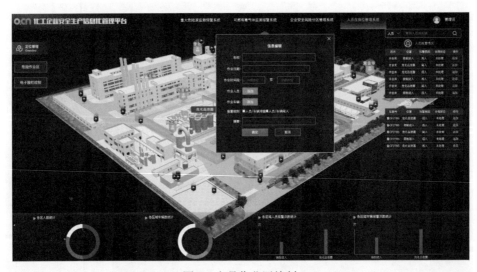

图 8　人员作业区绘制

危险作业区的绘制、设立有利于管理人员了解厂区内当下施工区域，加强对施工周边的管控、巡逻，避免意外发生。

通过电子围栏绘制这一功能，用户可在系统中随时设定虚拟围栏，在电子地图中通过简明的工具建立闭合的虚拟边界线，并定义所跟踪的物体与该虚拟边界线及其他约束条件的关系。如果所跟踪的人员或车辆以及未授权的人员或车辆移入虚拟围栏触发的相应事件。同样的，当所跟踪物移出虚拟围栏，也可以定义将要触发的相应事件。

对危险作业进行管理，设定作业区域，作业时间，作业人员、车辆等信息，对作业区域进行监控，非作业人员或车辆进入相关区域系统会自动产生越界告警，对于超出作业时间滞留人员或车辆发出滞留告警。

本系统还提供更多的触发条件自定义工具，例如所跟踪物在特定时间内，在虚拟围栏内以超出一定速度移动所触发的相应事件等。

2.3 企业安全风险分区管理子系统

1. 系统架构

风险分区管理系统基于"一设备一风险，一隐患一措施"的思路，针对化工厂区中的风险点、风险区域，借助 HAZOP、PHA、LS 等风险评估方法，实现风险的"分类管控，分级管控"，并在园区的数字孪生空间形成"红橙黄蓝"四色分区图，让风险隐患管理更直观、无死角，如图 9 所示。

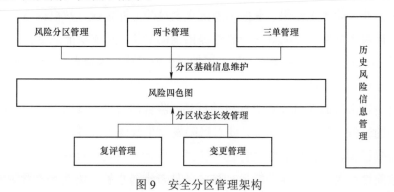

图 9　安全分区管理架构

2. 系统功能

1）风险四色图。系统根据风险分级管理的结果，结合 GIS 地图，使用红、橙、黄、蓝四种颜色，自动将生产设施、作业场所等区域存在的不同等级风险标示在总平面布置图或地理坐标图上，实现企业安全生产风险分区分布"一张图"可视化展示（见图 10）。

系统按照 GB/T 27921《风险管理　风险评估技术》和 GB/T 13861《生产过程危险和有害因素分类与代码》要求，提供风险因素采集和管理功能，数据包括企业风险清单和风险管控清单。提供企业主动上报、作业人员现场使用移动终端采集进行在线填报、离线数据导入、数据预处理、数据评审、综合查询统计等功能。主要包括：风险因素增加、删除、修改、因素分类、查询统计等。

图 10　安全分区四色图

企业通过对内部各个风险点的辨识，形成风险清单数据库，负有安全生产监管职责的部门基于企业风险辨识结果，掌握本地区安全风险分布情况，并根据风险清单建立汇总区域安全风险数据库，为风险安全监管提供辅助支持。具体功能包括按多条件查询与重置、刷新、查看等，可按风险点类型、属地、企业名称、风险点名称等进行详细搜索，可查阅风险点辨识详细信息。

企业对辨识出来的各风险点进行风险评估，监管部门进行实时监管。风险评估是评估风险大小的过程。在这个过程中，要对风险发生事故的可能性、人体暴露在这种危险环境中的频繁程度、一旦发生事故会造成的损失后果等因素进行估计和衡量，最终确定风险点的危险性和级别。具体功能包括按多条件查询与重置、刷新、查看等，可按风险点类型、属地、企业名称、风险点名称、风险等级等进行详细搜索，可查阅风险点评估详细信息。

2）"两单三卡"信息管理。企业利用风险分级管控系统，依据相关风险分级管控标准及风险评估方法，进行风险辨识、评估、确定风险分级，明确责任单位、责任人，落实管控措施，形成企业风险管控清单（见图 11），依据确定的风险等级实施分级管控，形成系统的、长效的和可操作的辨识和管控清单。

三卡包括承诺卡、应急卡和应知卡，比如企业主要负责人承诺卡、岗位应急卡、岗位应知卡等，如图 12 所示。

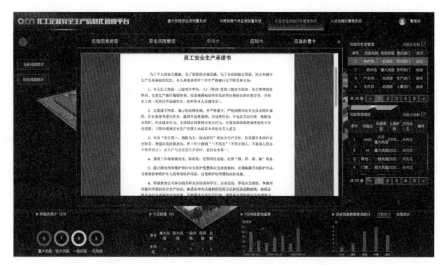

图 11 安全表单管理

企业主要负责人承诺卡

为了实现公司的安全生产方针和目标，我郑重承诺：
认真贯彻"安全第一、预防为主，综合治理"的安全方针，认真履行《安全生产法》有关规定，对本公司的安全生产工作负第一领导责任：

（一）建立、健全本单位安全生产责任制；
（二）组织制定本单位安全生产规章制度和操作规程；
（三）保证本单位安全生产投入的有效实施；
（四）督促、检查本单位的安全生产工作，及时消除生产安全事故隐患；
（五）组织制定并实施本单位的生产安全事故应急救援预案；
（六）及时、如实报告生产安全事故。

企业其他负责人承诺卡

为了实现公司的安全生产方针和目标，我郑重承诺：
本着"安全第一，预防为主,综合治理"的准则，积极推展安全标准化管理体系，力求符合企业发展要求的安全生产方针、目标

（1）确保所属员工、承包商和其他有关人员的信息沟通，训练者，积极参与安全标准化管理体系的持续改进过程
（2）定期开展危害辨识和风险评价，制定有效的控制措施，提供安全的工作环境，保护人身、财产和生产经营活动不受伤害或损害；
（3）支持安全管理人员的工作，积极开展各类安全活动，努力营造健康、安全的文化氛围；
（4）发动所属员工，持续提高安全标准化管理体系的业绩，使公司的每一项生产和经营活动都满足安全标准化管理体系的各项要求；
（5）树立表率作用，对正确的安全行为建立激励机制

岗位应急卡

岗位名称	红磷母粒阻燃剂生产岗位
岗位异常紧急处理	如发生危险或异常，请佩戴好一切所需防护用具，对生产物料紧急切断，开启冷却，视情况而定进行安全泄放系统，如有需要可进行车间报警等。
救火	消防人员必须佩戴过滤式防毒面具（全面罩）或隔离式呼吸器，穿全身防火防毒服，在上风处灭火。
一般个人急救	• 皮肤接触：脱去污染的衣着，立即用流动清水彻底冲洗，就医。 • 眼睛接触：立即提起眼睑，用流动清水或生理盐水冲洗至少15分钟。 • 吸入：迅速脱离现场至空气新鲜处。必要时进行人工呼吸，就医。 • 食入：误服者给充分漱口、饮水，就医。
泄露应急处理	隔离泄漏污染区，周围设警告标志，切断火源。建议应急处理人员戴防毒面具，穿相应的工作服。用水润湿，使用无火花工具收集于干燥洁净有盖的容器中，倒至空旷的地方，干燥后即可自行燃烧。如果大量泄漏，与有关技术部门联系，确定清除方法。

岗位应知卡

岗位名称	红磷母粒阻燃剂生产岗位	岗位设备/工具	泥浆泵、振动筛、挤塑机、碱商高位槽等
使用物料（危化）	红磷、氢氧化钠	成品（危化）	非属子
上述危品相关危险特性	红磷：遇明火、高热、摩擦、撞击有引起燃烧的危险，放出有毒刺激性烟雾。遇氧化剂有爆炸危险。与氧、氯等能发生剧烈反应。 氢氧化钠：不会燃烧，遇水大量放热，形成腐蚀性溶液，具有强腐蚀性。		
上述危品相关理化性质	红磷：紫红色无定形粉末，无臭，具有金属光泽，暗处不发光。 氢氧化钠：白色不透明固体，易潮解。		
相关禁忌要求	红磷：应与酸类、卤素（氟、氯、溴）、氧化剂等分开存放。 氢氧化钠：与爆炸物、易燃或可燃物、二氧化碳、过氧化物、水分开存放。 注意：分区、分类定点存放，控制现场最大日使用量。		
作业环节领知	1现场使用设备设施定期检查记录 □ 2相关设施： 电气设施防爆情况 □　通风设施 □ 应急救援设施 □　防渗漏设施 □　报警设施 □ 3安全警示标识/化学品安全标签		
废弃处理	禁止在危险化学品储存区域内堆积可燃性废弃物品，放置指定危废区，责成有资质厂商处理。		

图 12 安全分区样例文档

2.4 企业生产全流程管理子系统

1. 系统架构

化工企业安全生产全流程管理系统融合了化工企业安全生产标准化和化工企业过程安全管理要素，主要包括安全生产目标责任管理、安全制度管理、教育培训、现场管理、作业管理、安全风险分级管控及隐患排查治理、应急管理、事故管理、考核评审、持续改进等为一体的信息管理系统，如图 13 所示。

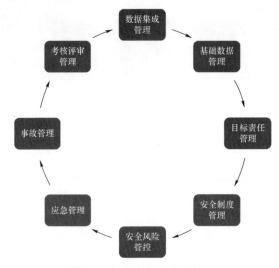

图 13 企业生产全流程架构

2. 系统功能

1）基础数据管理。包括组织架构、人员管理、权限、证书管理、岗位管理、工种管理、设备设施档案等基础数据（见图 14），其他模块的应用依赖于基础档案。

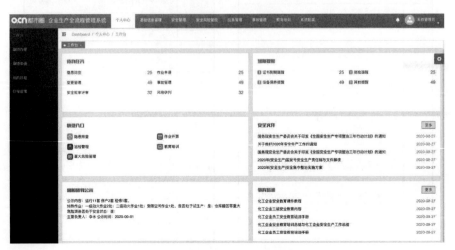

图 14 流程基础数据管理

2）安全制度管理。主要包括安全生产相关规章制度、操作规程、检查表等文档的编制、评审、发布、使用、修订、作废等文档的全生命周期流程管理功能，以及法律法规及标准的辨识、评估、管理等功能，如图 15 所示。

图 15　安全制度管理

3）隐患排查。主要提供安全随手拍、风险点设置、安全巡检任务、风险点日常巡查、要害部位安全巡检、安全巡检记录、隐患治理记录、隐患排查考核与监督、隐患排查统计分析等功能。

4）应急管理。主要实现应急资源管理、事故后果计算、事故应急辅助决策、危险化学品安全信息技术说明书查询、应急调度等功能。

5）风险分级管控。主要包括风险辨识、风险分析（SCL、JHA、LEC 等）、风险分级、重大风险点管控、风险分布图、重大风险清单等功能，如图 16 所示。

图 16　风险分级管控

2.5 可燃气体管理子系统

1. 系统架构

全面兼容多种气体检测报警仪，实时监测可燃有毒气体，专项应对燃爆灾害。可燃气体管理子系统主要由前端监控设备、管理云平台组成，当前端监控设备监测到可燃气体泄漏时，将实时数据通过 GPRS/3G 传输到管理云平台，并同时在 App、控制器进行报警；控制器就地报警和联动控制电磁阀、排风扇开闭；同时系统具有远程访问接口，可通过城市危险源监控平台实现数据交互和共享，通过 GIS 地图标记各个燃气点的物理位置，实时动态监测各个燃气点的信息，为各级消防、安监、公安、交通等主管部门提供信息服务。对于管理部门，城市危险源监控平台对整个城市的燃气泄漏危害进行日常监督、事前预防、事中处理及事后评估和分析，全面做到安全隐患有一处就处理一处，达到预防为主、综合治理的运营模式（见图 17）。同时和消防、安监等部门联动，构建城市安全稳定的环境，保障园区与周边地区的生命、财产安全。

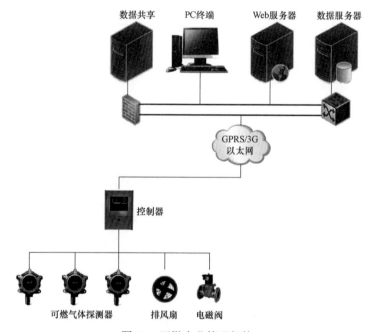

图 17　可燃企业管理架构

2. 系统功能

1）可燃气体基本信息。对企业的可燃气体信息进行统一监管，包括气体名称、类型、产生量、处置量、贮存量等。

2）气体使用部门管理。包括气体使用部门、用前培训、负责人、联系方式、使用状态等信息。

3）运输单位管理。对可燃气体运输单位进行统一管理，包括单位名称、地址、许可证信息、备案信息等。

4）转移单管理。对可燃气体的转移联单进行统一监管，包括单位名称、联系人、备案编号、日期、类别等信息。

3 应用情况

3.1 数字孪生理念在园区复杂业务组织中的应用

在本案例的建设过程中，先建立了园区三维模型，并采用传感器采集最新数据与运行历史数据，集成多物理量、多尺度、多概率的仿真过程，在虚拟园区中完成真实环境的映射，从而反映园区运营的实时图景。

在案例的建设中，通过数字孪生为核心，重构了园区已有的办公自动化系统、工业自动化系统、消防自动化系统、楼宇自动化系统、安防自动化系统、通信自动化系统，通过对园区人、空间、关系、事件、物以及组织关系的统一组织，在数字空间中构建一个克隆的园区镜像，并在这样的一个互通互达的体系下进行整体的运营、协调以及管理，从而提升组织效能。

在本案例中，以上介绍的安监系统已经在十余家化工企业进行部署，关联了 2000 余各生产设备，每日产生生产相关的数据理想 1700 万余条。

3.2 软硬件结合模式在园区全面智慧化中的应用

在实际应用中，在如上所述的各个子系统中充分融入硬件建设方案，如融合定位、智能摄像头与各种传感器，实现从数据采集到决策执行的自动化，提升方案的可行性与实用性。

在实际建设中，园区的智慧化过程涉及众多业务，容易出现烟囱式的 IT 应用，造成后期联结协同困难，因此需要采用合理的顶层规划。在案例中，建设方通过统一的软件平台对园区内公共区域、各建筑物的电气设备进行自动控制和管理，并对用户提供信息和通信服务。另外对园区的所有空调、给水排水、供配电设备、通风、消防、保安设备等进行综合监控和协调，使园区内的用户和访客获得了经济舒适、高效安全的环境。

同时，由于硬件与软件的全量对接，在能耗计量、状态监测、故障探知等方面，各智能设备系统的控制管理集成在一个管理界面上，从而实现"集中管理""分散控制""系统联动""优化运行"的目标。平台采用先进的层次软件设计结构，利用分布式软件和面向对象技术开发成功的一套成熟、稳定可靠的系统。该系统在设计理念、系统运行环境等方面进行了全面优化，使其成为市场中具有较高性能价格比的专门针对智慧园区集成管理的软硬件产品。

3.3 多重循环模式在园区安全生产与绿色环保中的应用

在项目建设中，以园区生产安全—运输安全—节能环保—综合服务为园区稳定运行的大循环，以智慧安监五位一体为小循环，使建设成果相互衔接，形成完整闭环。

对于以生产制造为主的园区来说，安全与环保是整个应用体系中的核心。在实际应用中，建设方借助轻量三维可视化，提升园区可视化效果，便于应急指挥人员直观掌握安全形势。在大屏、PC端构建全量的园区三维模型，还原建筑、容器、道路、区域等管理对象，将人员、管理对象、生产流程等因素落到图上，并将安全规程、行为准则与立体化管理体系相挂接，对安全监测监控每道工序的操作方法、要领和要求进行演示。

同时，从立体化的角度，在地图中挂接值班制度执行情况，重点头面、重点环节、薄弱时段的安全措施执行情况，对违章行为、违规人员、违章车辆进行定位，明确管理责任，促使管理人员在其位、谋其政、履其责，确保安全生产。

4 关键技术

4.1 全息数字孪生技术

本案例中，通过组织效能的提升实现安全的管理水平，而方法则是重构现在办公自动化系统、工业自动化系统、消防自动化系统、楼宇自动化系统、安防自动化系统、通信自动化系统分而治之的现状，通过对园区人、空间、关系、事件、物以及组织关系的统一组织，在数字空间中构建一个克隆的园区镜像，并在这样的一个互通互大的体系下进行整体的运营、协调以及管理，从而提升组织效能。

4.2 分布式海量时序数据管理技术

在本案例实施后，一个月单个工厂的DCS时序数据可以达到1.2亿，平台必须采用分布式数据管理技术，才能满足实时采集的需求。时序数据聚合过程采用的分片设计，对时序数据进行分组聚合查询，因此可以通过查询分组对时序数据计算进行分片，不同的分组使用不同节点并发计算。

同时，时序数据聚合查询函数通常都包含时间窗口，相同时间窗口的原始数据聚合计算为一个数据点，不同的节点计算不同时间窗口的数据。通过对时序数据进行分片存储，不同的分片存储在不同的存储节点，最后再对数据采集结果进行合并。

4.3 一体化大数据分析可视化技术

当管理者希望对某类数据进行探索与定制时，可调用数据分析与可视化技术，该类服务包含空间预处理服务、数据分析服务、图表 BI 服务、地图 BI 服务。建立数据分析起节点，在起节点中添加数据仓库中的数据源。数据上传或选择平台已有的数据，选择定位字段，通过地名地址匹配或坐标匹配，实现地址检测、补全、计算置信度，分别以表和地图显示匹配结果，用色带区分不同置信度的点，使用者可以筛选低置信度或零置信度的点，进行位置移动或去除零置信度的位置点。编辑完成的位置数据具备完整的地名、地址、坐标字段，并能选择与不同级别的地理格网绑定提供简单的分析界面供用户操作。各类管理者按自身的需求与关注的重点信息选择源数据后，显示数据表与数据字典视图。在此技术应用成果的支持下各类管理者可在驾驶舱中拖动字段到横轴与纵轴，每个字段提供统计公式。本技术的开发成果可支持用户对数据源或统计分析后的数据表可提供可视化图表定制，支持用户上传数据或利用在线数据、挖掘分析成果，生成地图 BI，进行统计字段选择，地图渲染定义，地图 BI 生成与服务发布。生成的地图 BI 自带时间轴与空间 OLAP，支持业务、时间与空间的多维钻取、上卷、切片、切块以及旋转。通过以上方法，对海量数据的汇总、关联、汇总、分析预警，实现了从被动处理到主动预警管理。

5 社会价值

5.1 落实企业主体责任，助力园区安全运营

通过案例的建设，促进企业主体责任的落实，将安全生产工作的根源定位为"消除隐患"，在安全生产的关键环节强化责任。以消除隐患为根本，加强防范为重点。本案例帮助企业各级管理部门落实安全责任，定位安全事故易发期区域与时间，分析计算高发期、频发期，为企业创造稳定的社会环境、优越的投资环境和良好的发展环境，对企业的可持续发展造成深远的影响。

5.2 数字化改造企业安全管理，构建精细化管理

精细化生产的核心内容是"安全、降耗、提质、增效"，本案例从生产的全过程出发，结合先进的自动化控制设备与监测体系，通过"参数化控制、精细化作业、信息管理"从而实现"物质流""信息流""资源流""工作流"的高度集成和统一。从原料进厂、生产过程及整个公司的管理等进行全方位的控制，建立一个过程控制模型，对稳定化工行业产品的质量、提高安全性、节约能源、保障质量具有重要意义。在智慧化工安

监体系正在普及的现代化工业企业，基于这一思想的控制策略是企业稳定运营、实现精细化生产、提高企业核心竞争力的有效途径之一。

5.3 形成"企业+园区"两级管理模式，齐抓共管，形成安全管理

安全生产事关企业、园区以及公众的生活，其中安全生产工作涉及园区以及企业的各个部门，但依靠园区或者企业的力量都无法独立完成安全的全方位管理。本系统通过"五位一体"平台来进行流程的规范化管理，落实管理的主体责任，同时平台通过开放的数据接口汇总到园区，园区基于数据进行监管，形成"园区+企业"两级齐抓共管的局面。

荣盛园区现代化智慧升级实践

1 建设背景

如今，数字化浪潮来袭，物联网、大数据、云计算、移动互联网、人工智能、区块链等数字技术高速发展，日渐成为数字化商业的核心元素，为企业的资产、设备、组织和人员重新赋能，数字技术被视为企业赋能的驱动力，数字化重塑无可避免。数字化带来了数字技术和全新商业创造性思维再组合，各行各业都已经意识到数字化的重要性，并开始思考：如何在企业运营与管理的各个环节，实现与数字化技术的深度融合？如何深入理解数字化技术对原有业务和管理的赋能，将数字化技术这个全新生产要素的使能与创新价值发挥到最大。

作为产业集聚地的园区，也面临这一挑战，入驻企业对园区信息化要求越来越高，同时对园区服务和管理水平也提出了更高的要求。

2 需求分析

2.1 安全管理需求分析

1. 企业痛点

人工布控：园区出入人数众多，陌生人、黑名单人员入侵，更多的依赖保安人工布控，工作量大，且易疏漏。

查证难度大：事后通常需花费数小时，甚至数天时间查证相应录像，耗时耗力。

2. 企业需求

事前预警：陌生人、黑名单人员入侵实时预警，预警联动移动终端、岗亭客户端、监控中心，由传统的被动安防向主动安防转变。

便捷查证：可通过人脸、人体、车辆属性，及以图搜图功能进行秒级查证，并可对查证人员进行轨迹分析，实现便捷高效查证。

2.2 便捷通行需求分析

1. 企业痛点

上下班高峰期园区出入人流、车流量大，进出易产生拥堵，影响员工工作及企业形象。

访客到访，为保障企业安全，员工需到指定地点接带访客，费时费力，且影响访客拜访体验。

停车场面积大，停车找车位难、出场找车辆难，影响车辆出行效率。

2. 企业需求

人员、车辆进出智能识别，无感通行，人员进出便捷高效。

访客预约自助登记，智能识别无感通行。

车位引导、便捷寻车，车辆出行便捷高效。

2.3 绩效优化需求分析

1. 企业痛点

园区员工数量大，需排长队进行考勤，时间长、效率低，易影响员工工作。

存在员工帮其他同事代打卡问题。

月底考勤报表难做：月底人事部花很大工作量进行各种数据的分类、添加与合并做成考勤报表。

考勤打卡遗忘频繁：员工上下班走得比较匆忙，或是由于排队打卡时间过长而忘记打卡，从而导致被缺勤。

2. 企业需求

采用生物识别考勤，实现无感考勤，杜绝他人代打卡现场。

考勤规则多样化：企业园区有许多不同的工作岗位，不同的岗位需要不同的考勤班次规则。

考勤数据自动化同步 OA 系统，提高 HR 考勤统计效率。

2.4 行政服务需求分析

1. 企业痛点

就餐排队时间长，结算速度慢，影响员工工作及企业形象。

消费卡容易被复制、盗刷，员工财产无法得到安全保障。

消费数据与财务数据不对称，引起消费纠纷，消费记录事后查询困难。

2. 企业需求

采用生物识别技术，提高结算速度、加强消费安全性。

消费系统与财务系统无缝对接，消费数据实时同步。

2.5 IT 运维需求分析

1. 企业痛点

运维工作难度大：系统庞大，设备多，数据多，运维管理工作量大。

设备维护不及时：设备点位多，设备故障发现不及时。

工作机制不配套：缺乏科学的管理体系去运维、管理、考核。

2. 企业需求

通过智能运维服务器，自动诊断设备运行状态，电子地图可视化展示，提升 IT 人员运维效率。

科学的管理体系，实现规范管理，统一考核。

3 建设内容

3.1 安全管理解决方案

安全管理是以维护企业公共安全为目的，在企业周围、出入口、建筑物内、特定场所/区域，通过采用人力防范、技术防范和物理防范等方式综合实现对人员、财产、信息、生产、设备、建筑或区域的安全防范。

1. 视频监控系统

视频监控是园区对重要场所进行实时监控的基础设施，安保部门可通过它获得有效图像和声音信息，对突发性异常事件的过程进行及时的监视和记录，用以提供高效、及时的指挥和调度，处理案件等。

1）出入口控制系统。出入口控制主要是指通过门禁读卡器或门禁生物识别仪辨识，利用门禁控制器采集的数据实现数字化管理，其目的是有效地控制人员的出入，提高重要部门、场所的安全防范能力，并且记录所有出入的详细情况，来实现出入口安全管理，包含出入授权、实时监控、出入记录查询及打印报表等，从而有效地解决传统人工查验证件放行、无法记录信息等不足点。

2）入侵报警系统。入侵报警系统的核心作用是保障安全，在即将发生危险时提前告知，或发生危险后及时处理，将损失降到最低。使用各种科技手段弥补人类各种行为和感官的局限，在整体的安防体系中起到至关重要的作用。

2. 方案架构

系统涵盖企业 AI 视频监控（AI 布控、AR 云景）、人脸门禁、AI 访客、人脸梯控、车辆管控、入侵报警、人脸巡更等子系统，如图 1 所示。系统方案基于智慧企业综合管控平台，实现对企业子系统整合、数据信息融合处理和控制，通过平台实现统一业务数据展现、统一权限管理、统一安防管理业务流程，满足安全管理业务需求，提升优化业务流程。

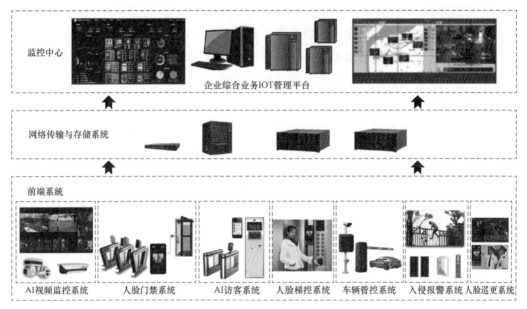

图 1　全管理解决方案架构

3.2　便捷通行解决方案

1. 人员通行

1）员工通行。内部员工进出门禁人脸识别无感通行，无忘带卡困扰，便捷、高效，杜绝企业上下班高峰期排队进出企业园区。包括人脸闸机识别无感通行、人脸相机识别无感通行、人脸门禁一体机识别无感通行等。

2）访客通行。访客预约登记，刷脸通行一闪而过，节省人工、从而更便捷、更高效。

2. 车辆通行

1）员工车辆出入口通行。员工车辆授权白名单，车辆进出车牌精准识别无感通行，且支持识别错误车牌自动容错，从而杜绝上下班高峰期车辆进出拥堵。

2）访客车辆出入口通行。访客预约登记，车牌识别无感通行，节人工、更便捷、更高效。

3.3　绩效优化解决方案

1. 人脸考勤

通过视频刷脸实现考勤管理，系统可对人脸考勤数据进行自动分析处理和统计，如自动处理迟到、早退、旷工、异常情况。系统可提供各种类型的报表，用户可对特定时间、特定人、特定地点、特定事件进行查询。

大华人脸考勤解决方案，基于人脸识别技术，使用门禁系统的硬件设备（人脸闸机、人脸门禁一体机）和网络即可正常工作，大大节省设备投入，如图2所示。人脸识别考勤，便捷高效，且支持防假功能，完全杜绝员工代人考勤现象，且事后可查人脸图片。

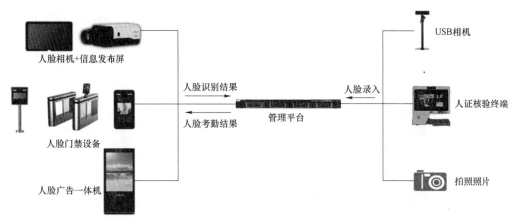

图 2 人脸考勤方案架构

2. 在离岗检测

在岗监督解决方案，基于智能算法，通过视频智能检测人员在岗状态，记录在岗时长、离岗时长，产生记录并保存。该业务功能可有效监督员工、工人工作时长及在岗工作状态，助力企业人力资源精确绩效考核。该方案可适用于中心机房值班室、监控中心、重点安全生产岗位、保安室、企业重要站岗位等场景。

方案架构如图3所示。

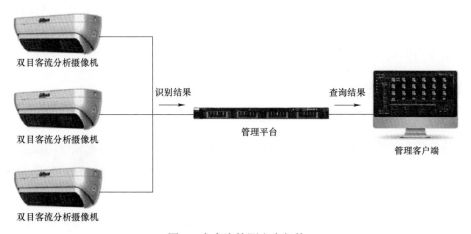

图 3 在离岗检测方案架构

3.4 行政服务解决方案

1. 人脸消费

人脸消费解决方案，是一卡通业务的延伸应用。大华人脸消费解决方案，基于人脸识别技术，结合企业消费业务，将传统用卡充值、消费转变成通用人脸充值、消费，让员工无卡也能实现消费，大大提升了消费体验和支付效率。同时，刷脸可以避免传统 IC 卡盗刷情况，大大提升了消费业务安全性。人脸消费解决方案可应用在企业园区食堂、小卖部等场景。

方案架构如图 4 所示。

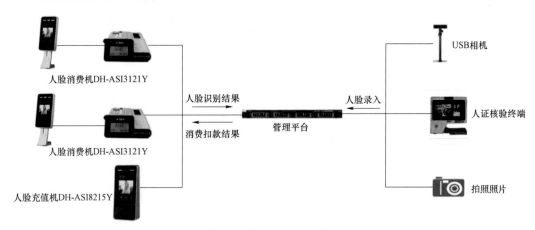

图 4　人脸消费方案架构

2. 信息发布

信息发布系统是一种全新的多媒体概念，是指在园区通过终端显示设备，发布信息的专业视听系统。结合系统远程集中管理、内容实时更新等特性，实现在特定的场所、特定的时间对特定的人群进行多媒体信息播放，使受众群体能第一时间获取到最新的资讯。

方案架构如图 5 所示。

3.5 智能运维解决方案

1. 业务概述

智能诊断运维管理系统适用于不同规模、各种安防等级要求的视频安防监控系统，对视频安防系统中前端视频摄像机、编解码设备、后端存储设备等运行信息进行采集；提供设备管理、设备及链路监测、视频质量检测、可视化展现、巡检管理、告警、工单管理、统计报表和绩效考核等运维考核管理应用功能，为视频安防监控系统发现故障、跟踪处理情况、展现运维结果和运维工作质量提供信息化的管理界面和数据支撑。

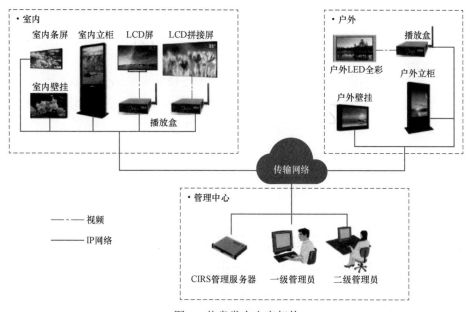

图 5　信息发布方案架构

2. 方案架构

运维系统采用智能分析、故障检测和工作流引擎等技术,整合了视频质量诊断、录像检查和设备状态检测等功能,贴合用户业务实际需求,实现无人值守、规范管理、量化考核的目标,从而最大限度地减少视频监控系统运维的人力成本,提高运行维护水平,保障系统安全可靠运行。即便天网纵横,也能一键掌握,真正实现"建为用、用为战",如图 6 所示。

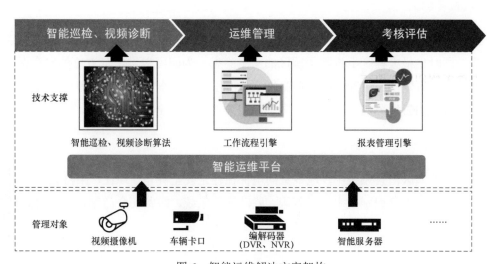

图 6　智能运维解决方案架构

4　应用情况

4.1　人脸通行

　　荣盛园区内共有 12 个人脸通道出入口，为荣盛员工提供无感知、无停留的人脸通行体验，通过与后台系统的结合，进一步提升人员管理的安全性，如图 7 所示。此外，人脸识别功能具备先进的防假技术，可以做到从源头上解决相片、手机照片仿冒以及人员尾随等安全隐患，也让忘带证件、工卡遗失不再是问题。

图 7　人脸通行

4.2　人脸考勤

　　在荣盛园区出入口，通行即为考勤，员工考勤排队、忘记考勤等问题从根本上得到了解决，同时也最大程度上排除了园区的安全隐患，为园区提供了全方位的安全保障，如图 8 所示。另外，人脸考勤还将企业员工、管理人员、外来访客人员等所有人员全部纳入人脸鉴权的管理范畴，完善的管理手段有效避免了安全疏漏的产生。

4.3　人脸梯控

　　在过去的园区门禁系统中，地下室的电梯往往是安全死角。现在，荣盛无卡园区的地下室电梯采用人脸识别技术控制权限，联动梯控系统，即做安全门禁，方便快捷有保障，无需客户按键即可联动电梯自动抵达，如图 9 所示。

图 8　人脸考勤　　　　　　　　图 9　人脸梯控

4.4　人脸消费

"靠脸吃饭"是每个人内心深处最伟大的梦想，而荣盛集团的员工已经率先实现了这个目标。在荣盛园区食堂，普通员工可以通过人脸识别技术判定员工身份后进入餐厅就餐消费，让消费兼顾安全与便捷，告别排队刷卡的状态，如图 10 所示。

图 10　人脸梯控

4.5　车辆视频通行

众所周知，很多工厂、园区的出入口都设有大小车同行的超宽车道，而超宽车道的车辆通行管理在技术实现上相对困难。荣盛园区也同样拥有一条 8 米宽车辆通道，该通道现运行的新一代大华宽车道通行方案采用了双道闸设计，搭载了雷达与线圈双重防砸功能，让大小车通行流畅无阻，保障了人员和车辆的通行安全，如图 11 所示。

大华股份为荣盛集团打造的现代化智慧园区，依托 AI 技术实现人、车、物管理的智慧化升级，在提高园区安全性的同时，助力园区实现安全等级提升、工作效率提升、管理成本下降，成为新时代背景下现代化企业园区的管理典范。

图 11 车辆视频通行

5 关键技术

5.1 视频监控技术

利用视频监控技术探测、监视设防区域，实时显示、记录现场图像，检索和显示历史图像的电子系统或网络系统。园区中全景智能监控，实现大场景观看，同时可对监控范围内多个目标进行持续跟踪和目标信息采集，实现视频分析和联动报警。

5.2 物联网

物联网是互联网基础上的延伸和扩展的网络，将各种信息传感设备与互联网结合起来而形成的一个巨大网络，实现在任何时间、任何地点，人、机、物的互联互通。智慧园区的核心是将原有孤立的各子系统连接，把人员、车辆、设备和业务管理紧密地联系在一起，打破以往系统建设过程中信息孤岛、数据孤岛，连岛成路，实现资源共享，为数据的提取提供整体系统脉络架构。

5.3 可视化

可视化是利用计算机图形学和图像处理技术，将数据转换成图形或图像在屏幕上显示出来，再进行交互处理。大华综合管理平台将报警视频联动、可视化数据管理、人员可视化、物联可视等多种视频智能联动应用进行融合。

5.4 AI 人工智能

AI 人工智能园区对减少人力投入、提高园区安全的要求日益凸显，势必要提高相关系统的智能化程度，包括建设的一脸通、门禁（生物识别）、AI 车辆通行、AI 消费、

570

智能运维等多个模块系统，以技防取缔人防，通过智能化的应用为园区安全保驾护航，提升园区管理服务能力。

5.5 大数据

大数据是需要新处理模式才能具有更强的决策力、洞察发现力和流程优化能力来适应海量、高增长率和多样化的信息资产。它的意义不在于掌握庞大的数据信息，而在于对这些含有意义的数据进行专业化处理。

6 社会价值

6.1 有利于构建和谐、幸福的园区

园区通过全覆盖的监控网络和智能化分析，可以实现针对园区社会犯罪、危害公共安全行为、群体事件的及时响应、提前预防，实现园区的和谐统一。

6.2 提高基础设施的运行保障能力

园区应用智慧技术能够实现基础设施在其生命周期内的高可用性、高效率和高可靠性的运转。它对于基础设施正常的损耗和可能发生的故障，能够做到提前预警、实时监控、自动反馈，高效使用园区的基础设施，实现个性管理。

6.3 园区的管理水平及服务能力

园区应用 AI 智能、人脸通行、车辆无感通行、人脸考勤、人脸消费、协同办公、智能控制中心等系统，实现高效、无障碍业务，极大地提高了园区工作效率和管理服务能力。

智慧园区是智慧城市的缩影，智慧园区的建设是国家实施信息化战略的具体表现，积极建设智慧园区，对发展智慧产业，建设智慧城市有着积极作用。以信息技术为手段、智慧应用为支撑，能够实现内外资源的全面整合，做到基础设施网络化、建设管理精细化、服务功能专业化和产业发展智能化，使管理服务等更高效便捷。

钢铁企业全生命周期智慧园区的运营管理实践

北京京诚鼎宇管理系统有限公司

1 建设背景

数字化园区是指以数字化方式再现真实的实体或系统,其关键技术就是对物理对象的数字化,充分利用物理模型、传感器更新、运行历史等数据,集成多学科、多物理量、多尺度、多概率的仿真过程,在虚拟空间中完成映射,从而反映相对应的实体装备的全生命周期过程。

近年来,数字孪生技术在制造业尤其是离散型行业的相关领域得到了广泛的应用和发展,但在中国传统钢铁行业,由于其设备的复杂性,生产过程的多态性和不可预知性,仍然没有很好的数字化园区案例。

钢铁行业属于大型传统流程行业,经过多年的信息化系统建设,钢铁行业基本已经实现了企业的信息化系统和控制系统建设,建立了从 L1~L5 的整体园区信息化架构平台,完成了企业的生产、能源、设备、物流、库存等主要业务计算机系统的应用。

随着《德国工业 4.0》《中国制造 2025》等新一代智能园区的标准出台,要求钢铁行业向智能制造、绿色制造的要求进一步自我完善,而建设数字化园区是最终实现钢铁企业智能制造的必由之路。

钢铁企业全生命周期的数字化园区平台紧密结合新一代智能制造标准,旨在打造钢厂的数字化管理平台,通过实现整个生产工艺流程的数字化,为进一步实现钢厂的智能化生产奠定基础(见图 1)。通过数字化园区项目的建设,实现钢厂各生产工艺、设备运行管理、智慧厂区建设的全方位数字化、三维化、智能化的目标。

2 智慧园区技术方案

2.1 智慧园区运营管理平台

结合 BIM、GIS 技术建立的数字化园区管理平台,作为公司生产运营管控的信息集成载体,实现公司的生产、能源、物流、安防、设备的一体化智能运营管控。

图 1　数字化园区和智能制造

　　整个数字化园区建模过程根据全厂总图设计资料、重点设备图纸资料，结合现场勘查拍照的方式进行建模设计（见图 2）。

　　建模整体分两个层级，即公司级和工序级。根据企业全厂总图设计资料，建立公司级三维模型；结合公司相关重要工艺流程，根据已有的三维、二维图纸资料建立重点工序级三维模型；最终满足公司级智能调度和数字化运维的需求，如图 3 所示。

图 2　数字化园区全景鸟瞰示意

图 3　数字化连铸车间全景

结合企业管控中心的调度大屏幕、分厂的监控电脑以及移动设备等多种展示手段，展示数字化园区的三维可视化地图，同时在三维地图上分不同场景展示公司重要的生产运营、设备管控、能源消耗、物流运输、管网安全等信息，满足公司各级管理、运维人员的需要（见图4）。

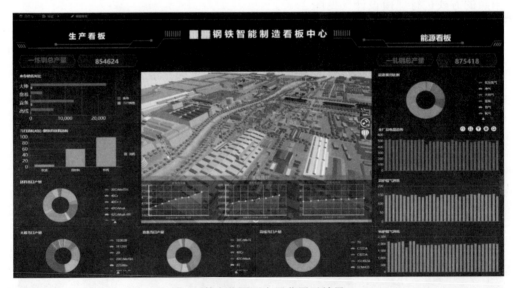

图 4　数字化园区大屏幕展示效果

数字化园区平台应用主要有三种展示手段：大屏幕端应用展示、电脑端应用展示和移动端应用展示，如图5所示。

574

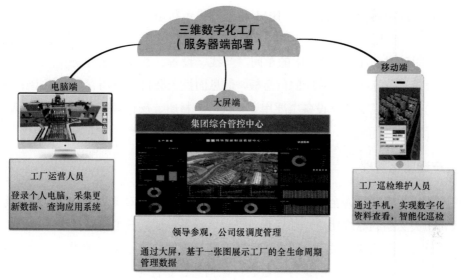

图 5 数字化园区部署展示方式

2.2 园区综合展示

用户可以在三维数字化平台中设定漫游路线、漫游速度、漫游视角，系统可以模拟第一视角在全厂三维 BIM 模型中自动漫游，进行虚拟园区、车间、产线、生产设备等的参观，在不用进入实际园区的前提下，协助来访者或新入职员工快速了解整个厂区的工艺布局、主要生产线和生产设备等基本信息，如图 6 所示。

图 6 数字化园区虚拟漫游

在三维数字化园区平台中，园区的各个车间、设备、部件、管道、仪表、阀门等的运行参数与 BIM 模型进行关联和绑定，可以实时查询其设计参数和运行参数。可以以图层的形式管理不同类型的数据和 BIM 模型的显示状态，如专门显示仪表信息的仪表层，同时还有人员层、设备层、巡检层、报警层、监控层、建筑层、管线层、物流层等。

用户可以随时和 BIM 模型中的车间、产线、设备、管线等进行交互，通过点击相应的车间设备，系统会弹出对应的信息板，信息面板上会自动调用存储在模型中或后台数据库中的基本信息说明（设备主要用途、尺寸、材质、操作说明、相关图纸等）和主要生产运行参数进行展示。

2.3 资产透明化管理

三维数字化园区作为企业的资产管理平台，以三维设备对象为基础，实现对前期设计图纸和相关文档的标准化电子化管理。平台以设备编码为核心，通过设备结构树展现各产线和设备之间的关联关系，用户可通过设备结构树快速了解当前设备的结构，设备在产线上的安装位置、相关的运行参数、厂家信息、备件更换情况等。

用户可输入设备编码或在设备结构树上点选相关设备，实现设备的快速定位，协助用户快速熟悉产线布置，如图 7 所示。

图 7　设备快速定位

数字化园区作为全面贯通数字化设计和数字化运营的载体，将按照相关标准对前期的规划资料、工程设计图纸，设备相关档案资料进行统一整理分类上传，结合投产后的系统运行数据，实现多维度的数据集成。系统支持上传的文件类型包含图纸类文件（.DWG 文件），文档类文件（.doc，.jpg，.pdf，.ppt），遥感影像类文件，矢量图文件等。

系统通过统一的编码和协议进行文件上传、分类保存，用户如在后期运维需要时可以在三维场景中选择设备，然后快速查看需要的图纸资料，如图8所示。

图8　设备资料查看

2.4　智能设备运维信息集成

智能设备运维管理可以提供全方位的数据整合、智能化设备装配指导、设备的智能化巡检以及设备智能监控和快速故障处理。

设备的台账信息、文档信息、巡检计划和巡检作业实绩等基础管理功能对接园区的设备管理系统来获取。

1. 全方位数据整合

在智慧园区运营管理平台中，基于BIM编码体系实现设备设计图纸、操作指导、维护指导、运行数据、监控报警、优化预测、检修信息的全面贯通，实现设备的信息集成和全生命周期数字化管理功能，如图9所示。

2. 智能化设备装配指导

在平台中针对重点设备的部件进行智能化设备装配指导，可以查看零件各个部件的相关信息、设计参数、装配工具、装配注意事项等内容，同时可以查看设备BOM清单、部件基本信息、使用寿命情况、备件换件信息以及使用手册等内容（见图10和图11）。

系统可导入设备的相关图纸及操作安装维护说明书等设备文档资料，结合设备的BIM模型协助用户更好地了解设备相关操作和运维标准，文档资料和图纸资料通过设备编码和设备单体模型进行关联。当用户在查看三维模型时可随时调出对应的图纸或说明书进行比对查看，方便后期的设备检修和保养工作。

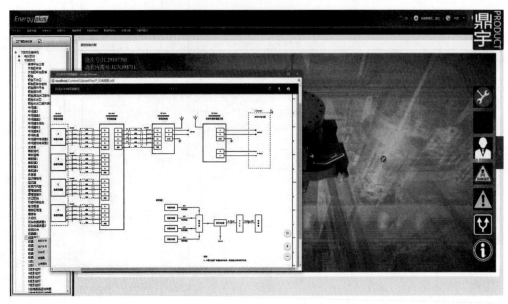

图 9　设备图纸信息集成

基于设备模型的层次结构及相关安装和拆卸步骤，三维可视化系统可以通过设定一系列专门的动画场景进行正确的设备装配指导，将装配过程中的关键操作要点用电子说明书的形式在装配场景中进行展示，通过按钮控制设备拆分和安装动画播放，帮助设备维护人员了解设备拆分详细安装步骤。

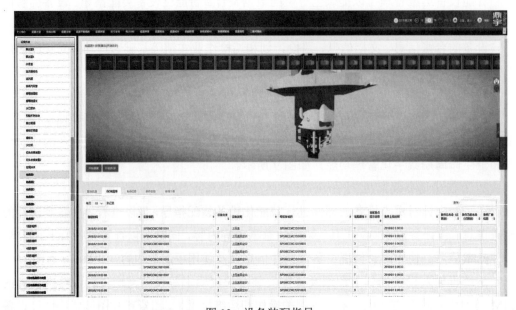

图 10　设备装配指导

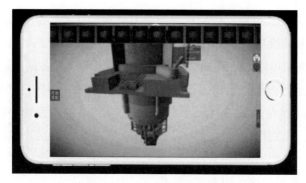

图 11　移动端设备装配指导

3. 设备的智能化巡检

在平台中，可以自动为点检人员发布点检计划，厂区各点检人员通过移动 App 应用实现巡检任务的查询、报警和归档，同时提供移动定位功能（见图 12）。系统通过实时接收手机 App 上的人员登录信息和 GPS 坐标，通过坐标转换算法将相应人员位置信息实时显示在平台 BIM 模型中，当管理人员在平台上点击人员图标时，系统可实时查看对应人员的姓名、工号、所在位置、联系电话等信息。设备点检人员可通过手机 App 接收点检计划，当到达点检地点时可实现点检人员的到位扫码确认、拍照上传、设备报警、点检归档等功能，需要时还可通过手机 App 获取相关设备的基础信息、运行信息、相关图纸等内容，实现实时信息交互。点检人员的点检进度和点检路径可以在平台中动态更新显示。

图 12　数字化巡检管理

当点检人员发现设备存在故障或故障隐患时，可及时通过手机 App 进行报警，通知管控大厅相关设备调度人员及时进行处理，当一个设备报警发起时，三维地图上动态展示闪烁报警图标，报警图标的位置直接关联设备的实际安装位置。

管控大厅相关调度人员可以根据报警信息发布维修工单，将维修任务直接推送到维修人员相关移动终端，维修人员可以通过移动终端查看故障信息。当故障维修人员到达相应位置进行维修时，可以通过终端查看设备的运行情况、设备的基础信息、图档资料、装配步骤和安全提示等内容。当设备报警处理完毕后，报警图标自动消失，整个设备故障处理过程将被自动保存入系统中，返回故障处理实绩。随后系统会根据以往故障历史进行缺陷分析，在一定程度上提供预测报警机制，同时也为以后出现此类问题提供更好的操作指导。

4. 设备智能监控和快速故障处理

平台可以根据数据采集系统获取的设备运行数据进行自动报警，当发现某处设备运行参数异常时，平台自动发出报警信号，设备管理人员通过点击报警信息快速定位到报警设备，同时快速调出设备相关的 P&ID 图、接线图、操作维护手册、历史故障和处理方法等信息，方便设备管理人员查阅并确定报警故障点，如图 13 所示。

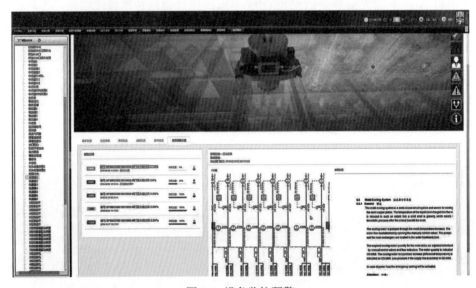

图 13　设备监控预警

实现企业能源管线、机械电气设备、仪表阀门的动态监控预警，可视化报警消除安全隐患，将所有的报警信息及处理过程录入系统，可以大大提高事故的处理效率，不断扩展企业知识库，从整体上提高工作人员的故障处理能力。

2.5　智能管网安全监控管理

平台中智能管网安全监控管理可以全面将隐蔽工程可视化，通过阀门仪表数据的采集和分析，对企业"生命线"进行全面监控预警，同时针对管网日常运行数据进行分析，反过来提高日常管网及主干电缆安全管理的效率，降低运营成本。

通过建立全面的管网管线电缆三维工程数据库，可以将全厂地上、地下、土建中的管网管线进行直观展示，通过平台可以快速查看管网的埋深、架空高度、管线材质、口径、介质以及当前的仪表阀门运行信息和安装位置等内容，同时可以通过三维模型更加精准地计算管网管线的长度，如图14所示。

图14　能源管线管理

平台可以通过实时监测管网相关的压力、温度，结合能源供需平衡和企业安全标准进行自动分析，对整个管网实现全面监控和安全预警管理。当发生危险事故时，可以对危险事故（如爆管、泄漏影响、能源供需平衡、管损等）进行智能化分析，同时集成事故应急预案，通过平台可以实现紧急调度指挥。

2.6　物流调度管理

数字化园区管理平台集成园区内部主要的道路信息，通过和物流系统通信，实时读取厂前区车辆、厂内运输车辆的位置坐标信息，并在三维园区模型上动态跟踪展示车辆的位置信息变化，协助物流调度人员动态掌控公司内部的物资调拨情况和厂内车辆位置，如图15所示。

系统可集成物流系统的运输计划路径、车辆计量过磅实绩、车辆排队等信息，在大屏幕上动态展示车辆的计划行驶路线、每个计量磅秤前的车辆排队等候情况、协助管理者更好地优化物流线路。

2.7　视频监控集成

系统通过和视频服务器相连获取园区内各路摄像机的监控视频信号，并将历史视频或实时视频直接显示在三维园区模型内，用户可以通过点击模型中不同位置的视频监控模型查看当前位置视频监控内容，如图 16 所示。

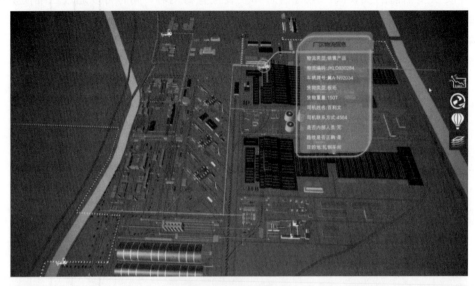

图 15　车辆物流监控

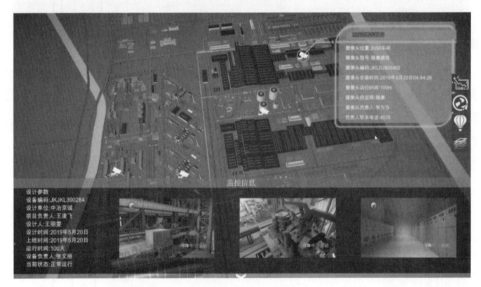

图 16　视频监控集成

2.8　浸入式培训操作考核

VR 和 AR 应用可配合搭载 360 度全景摄像机达到更好的用户体验。在园区的关键节点如出入口、管控大厅进行 360 度全景视图拍摄，通过专业的全景图制作软件生成关键三维全景 VR 场景，然后通过 HTML5、CSS、JavaScript 语言对场景本身进行修改制作，设置转场热点和图片热点，通过热点设计展示和用户交互的内容，包括设备信息说明、操作文档手册、装配说明、设备运行参数等，最后将文件打包上传至 Web 服务器，供操作培训所用。

在设备操作培训、模拟拆卸组装方面上采用 AR 增强现实技术，可帮助用户无需到实物装配车间，就可快速学习了解设备操作和安装的关键步骤及相关知识（见图17）。一方面可改变传统模式下设备操作培训效率低下、费时费力的现象，让学员能够直观学习设备操作方法和流程；另一方面，相比于目前较为流行的虚拟设备维修培训系统，增强现实环境下的设备操作培训系统将现实场景与虚拟物体相结合，提高了用户对周围真实世界的直接感知能力和与虚拟物体的实时交互体验，提高了使用者的工作和学习效率，减少不必要的资源消耗和浪费。

图 17　AR 虚拟设备操作培训

2.9　应急演练仿真

在智慧园区运营管理平台中，可对危险源和应急储备物资的位置及相关信息进行标识，对可能发生的事故进行应急仿真演练，并对紧急事故进行模拟分析，从而降低发生事故时的损失，提高应对突发事故的能力。

在平台中对各车间的危险等级、危险源安全距离区域、危险源位置进行标识，同时针对各类应急物资储备位置、储备量、购置和更新日期、检查日期进行标识，当出现应急物资不足、过期等问题时平台会自动提醒，如图18所示。

针对园区各类危险事故的应急情况进行仿真模拟，应急预案包括预案编制、审核、修订、归档、查询等，基于平台进行事故预防性演练，根据事先预定的演练脚本，参与人员进

583

行数字化演习,演习后可进行演练回放和演练总结。利用数字化平台进行应急事故演练模拟,快速进行事故分析定位,事故扩算速度和范围分析,提示正确的事故处理步骤,事故涉及人员的逃生路线指引,事故影响的生产能力分析,提高企业应急指挥调度能力(见图19)。

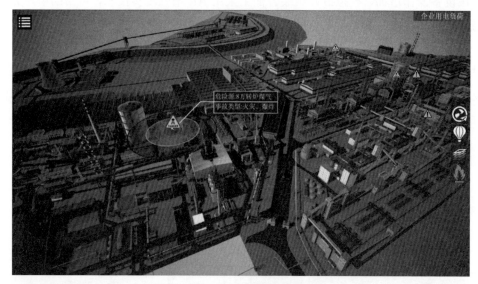

图 18   危险源说明

图 19   应急事故处理

通过监控中心调度大屏幕,智慧园区运营管理平台可以综合集成各子系统的信息从而实现跨系统的应急联动指挥。各子系统包括三维可视化子系统、SCADA 子系统、能源管理子系统、视频子系统。

当应急情况如发生设备紧急故障时，系统可通过 SCADA 子系统的报警信号，快速实现三维可视化子系统和能源管理子系统的联动，通过报警设备的编号，三维可视化子系统可快速将视角切换至报警设备的位置，显示设备报警内容，同时以声光提醒调度人员故障位置和故障类型，视频子系统可自动切换显示故障站点的视频信号，能源管理子系统可快速调整能源供应。

通过集中管控平台的跨系统联动及计算机系统快速分析问题、解决问题，企业的管理效率和水平得到大幅提高。

2.10 三维生产工艺监控和模拟

在智慧园区运营管理平台中，同时具备在线同步监控和离线运行模拟功能。

在线同步监控可实时查看各个重要工艺流程的实际工艺动作，同步三维模型，保证虚拟环境和现场工艺设备动作的一致性。

离线运行模拟可在非生产环境下模拟整个生产工艺流程的完整运行，如图 20 所示。通过模拟数据变化动态驱动三维模型状态改变，根据不同的模拟和参数调整，不断提高生产管理的效率，降低生产运行成本。

各关键场景展示结合工艺动画和重点工艺参数进行，采用数据驱动的方式，利用现场的工艺设备信号对数字化园区的动作进行驱动展示。

图 20　全流程工艺展示

3　应用情况

通过中冶京诚公司统一的 BIM 编码体系将三维数字化模型和企业的工艺产线、主要设备、备件以及设计图纸、设备资料、生产数据、运营信息进行关联，并结合数字孪生技术，形成与现实园区相同的虚拟数字园区，从而实现全生命周期的智慧园区运营管理平台，详细功能包含数字化资产管理平台、综合调度管控、全流程园区管理仿真管理、智能化设备运维管理、管网安全监控管理、浸入式操作培训和考核管理以及应急演练仿真管理等功能。

数字化园区的应用能够改善钢厂传统的工作方式，将公司生产管控模式、车间管理、设备管理、管网管理从多个分散的子系统汇总到基于数字化的集中管控平台。通过设备全方位的数据整合、智能化设备装配指导、设备的智能化巡检及设备智能监控和快速故障处理，实现园区全面智能化设备运维；通过对管网的全面隐蔽工程可视化、阀门仪表数据的采集分析、管网日常运行数据分析，实现对园区能源管网的全面监控预警，提高管网日常安全管理效率，提高运营成本；通过整合物流车辆的位置、运输物资、路线等信息，实现园区对物资调拨及物流调度的全面管控；通过虚拟现实及增强现实技术，实现园区工艺、安全、设备运维等科目的虚拟场景培训考核，提高培训的效率，极大降低培训的成本；通过对危险源、应急储备物资在三维场景的显著标识、各种场景的应急流程模拟，全面提高园区的应急处置能力、降低潜在的事故风险和损失。

4 关键技术

4.1 数字化建模技术

采用先进的三维设计平台进行乐亭钢铁厂房产线的数字化建模设计工作，根据项目设计图纸，进行三维建模，展现园区的整体生产线和厂房布局，主要的设备管线展示，辅助用户了解整个园区的工艺布局和产线概况。

所有设备和管线的三维模型采用统一的平台，建立统一的编码体系对三维模型单元进行统一管理，提前进行设备安装和装配验证，提前排查设计过程中的质量隐患。

4.2 全生命周期管理平台

通过数字园区管理平台贯穿整个园区的生命周期，前期的设计数据、投产后的运维管理数据可以得到有效的集成和整合，打通整个园区企业的信息流传递。

园区投入运营后，将依托三维数字化平台实现可视化的企业生产和运营，借助数字化平台实现智能的调度管理和运维管理。

4.3 数字化驱动技术应用

完成钢铁生产从炼铁、炼钢、轧钢等全流程的重点工序三维设备建模和模拟运行；

针对不同工序的生产特点，建立各工序的三维工艺动画，可结合具体的设备运行参数和运行动作，实现虚拟车间和实体车间的动作同步，打造数字化双胞胎园区。

4.4 BIM+GIS 技术融合应用

数字化园区平台将充分结合 BIM 技术和 GIS 技术，以三维可视化园区模型为载体，实现对园区的生产、物流、能源、设备、仪表、管线的动态管理和监控。

数字孪生园区将实现对 GIS 技术和 BIM 技术的无缝集成，可实现 GIS 地图和 BIM 模型的自动切换。通过三维 BIM 和 GIS 系统的 API 接口最终实现运维管理平台和三维 BIM 模型的交互，满足各类基础数据的查询、统计、分析等功能。

4.5 数字化仿真技术

数字化园区一方面可以和车间内的主要控制系统数据库对接，实时获取车间内实时的工艺运行参数，实现虚拟园区和实体园区的动作同步运行。

同时可以进行虚拟化的仿真生产，结合各工序的数学模型和专家系统，用户可在数字孪生平台中了解熟悉整个生产流程的各个工艺环节的关键操作要点，从而有效减少在实际园区生产过程中出现的问题。

4.6 虚拟现实技术

数字孪生平台可结合 VR 和 AR 等虚拟现实技术，实现基于虚拟技术的虚拟操作、虚拟培训、虚拟考试等内容，有效实现企业知识固化、知识共享，最终建立企业的知识平台。

5 社会价值

中冶京诚工程技术有限公司承建的某钢厂三维数字化园区项目，是国内钢铁行业第一个覆盖料场、炼铁、炼钢、轧钢等全流程业务的数字化园区项目。本项目不仅承载了该园区向数字化、智能化转变的重要任务，而且对整个钢铁行业的数字化进程具有开创性的意义。

伴随国内制造业数字化转型的大潮，数字化园区逐渐成为国内外制造企业关注的重点。要实现智能制造，首先要打造数字化园区平台也是业内的共识。传统的钢铁企业由于生产流程复杂，工艺设备种类繁多，没有成熟的数字化设计，一直没有全流程数字化平台应用。

本项目作为钢铁行业的首套全流程数字化园区管理平台，是充分结合 BIM、GIS、AR/VR 等技术打造的全流程虚拟钢铁园区，通过创新的数据组织和展示方式，集成展示园区设计和建设信息、动态生产工艺信息、设备动作和运维信息、管网管线信息、物流和安防信息，完成了"数字化设计—数字化交付—数字化运维"的全面贯通，真正实现了全生命周期的数字化管理，通过数据流、信息流与工作流的数字化，实现园区更高效地运营与管理，数字化园区平台必将成为引领钢铁企业未来数字化发展的重要工具。

济南银丰·山青苑绿色智慧住区示范项目

山东山青物业管理研究院

1 建设背景

济南银丰·山青苑小区（以下简称"山青苑"）位于山东省济南市历城区围子山路以东，包括普通商品住宅、公共服务配套设施、地下停车场等建筑设施，以及小区内部道路、给排水管网、污水处理站、燃气管网、热力管网、绿化等配套设施。小区总建筑面积 176 523.39 平方千米，其中住宅建筑面积 133 581.82 平方千米，公共建筑面积 5353.21 平方千米，绿化面积 17 990 平方千米，车库面积 37 588.36 平方千米，地下车库有车位 822 个（包括 21 个子母车位，已经交付 637 个）。小区有高层住宅 9 栋，其中 6 栋 18 层住宅，3 栋 29 层住宅，共 930 户（见图 1）。小区设有北、东、西 3 个出入口，其中西入口为主入口。小区实行人车分流管理，无露天停车车位。山青苑坐落在山东青年政治学院校园西邻，与校园之间没有围墙，是一个开放式住宅小区（见图 1）。

图 1 山青苑项目鸟瞰

山青苑获得二星级绿色建筑设计标识，采用先进的节能、智能化设施设备，具有良好的绿色智慧住区建设基础。小区已投入使用的设备资源包括：电梯、自动扶梯、安全监控系统、消防监控系统、门禁及可视对讲系统、车辆识别系统、巡更系统、中水站、水泵房内的设施设备等。车库设备设施包括排风兼排烟双速风机、钢制轴流双速排烟风机、加压送风机、集水井，消防泵房内的消防栓泵、喷淋泵、消防栓稳压泵、消防巡检柜、电流柜、消防栓泵控制柜、喷淋泵控制柜、消防栓稳压泵控制柜，以及水泵房内中区、高区、超高区立式单级离心泵、管道循环泵、高、中、地区控制柜、双电流控制柜、中水站内设施设备。小区1～9栋有包括客梯和消防电梯的通力牌电梯30台，西主出入口有通力牌自动扶梯6台。公区还有卷帘门、消火栓、消防结合器、路灯、草坪灯、摄像头等其他设备设施。

本项目为2017年住房和城乡建设部《基于BIM技术的居住建筑运行维护智能管理系统开发》的示范项目，并于2019年被山东省住房和城乡建设厅立项为山东省绿色智慧住区示范项目。

2　建设内容

按照《山东省绿色智慧住区建设指南》标准，将山青苑打造为智慧住区示范项目。主要包括以下建设内容：

2.1　基于BIM的运维平台

通过技术支撑单位研发居住建筑能源损耗监测及设施设备监控技术、基于BIM的居住建筑监测及智能运维技术，形成相应的居住建筑监测监控方案、基于BIM的运维智能管理系统和方案。

2.2　综合信息服务平台

通过技术支撑单位提供的云存储实现数据采集与共享，实现平台互联、应用集成，保障平台数据安全。

2.3　基础设施建设

建设诚信小屋（无人超市）、充电桩车棚、住区智慧服务应用体验中心。

2.4　社区管理与服务

通过技术支撑单位实现社区网格化管理，通过运营单位开展社区文化活动。

2.5　智慧应用

通过运营单位、技术支撑单位建设智慧商圈，提供便民服务。BIM 运维智慧应用特点如图 2 所示，BIM 运维内容如图 3 所示。

图 2　BIM 运维智慧应用特点

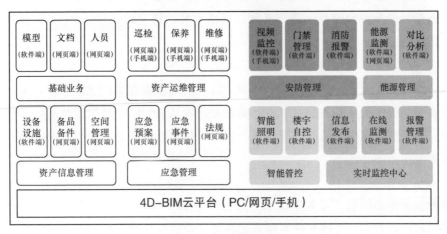

图 3　BIM 运维内容

3　具体应用

3.1　基于 BIM 的运维平台

针对山青苑小区在运维阶段存在的问题，山东山青物业管理研究院与北京云建信科技有限公司合作，采用 4D–BIM 平台技术对原有的分散式管理模式进行了升级改造。在 4D–BIM 平台的支撑下，充分应用了 BIM、GIS、大数据、云计算、物联网等一系列先进技术，实现了山青苑小区的数字化和智慧化建设，不仅在应用层面上实现了业主信息管理、房屋资产动态管控、应急预案管控、智能巡检、维护维修、设备设施运行动态监测及预警报警、能耗监测、三维可视化模型管理等智慧应用，而且在数据层面上实现了多系统协作与联动，更是将各个系统数据与 BIM 模型相关联，实现了精确的构件级数据管控和积累，充分利用 BIM 的空间信息，实现了各个系统间数据联动的智慧化应用。

本项目通过调研分析，总结归纳居住建筑运营期能源损耗及设施设备监控管理需求，运用基于 BIM 技术的居住建筑能源损耗监测、设施设备监控及智能运维技术，建立居住建筑能源损耗监测及设施设备监控方案，研发基于 BIM 的居住建筑运行维护智能管理系统，总结形成基于 BIM 的居住建筑智能运维管理方案。

1. 模型管理

4D-BIM 云平台采用自主研发的 BIM 数据集成与交换引擎，支持开放的 BIM 建模和模型共享。平台可导入 Revit、Bentley、Tekla、CATIA 等多种格式商业软件建立的 BIM 模型，也可以导入 Auto CAD、3DSMAX 等其他 CAD 或图形系统建立的 3D 模型。导入 4D-BIM 云平台的模型，保留原有建模软件所建模型数据，用户可通过点击模型特定部件，进行相应属性信息查询，平台可自动定位这一部件，以图形化显示，除了可以查看该部件基础参数信息（资产名称、规格型号、移交时间等），还可查看部件维修保养等运维信息。

2. 空间管理

通过录入业主及住户的房屋资产信息，以不同颜色实现房产状态图块化显示，可直观地查看哪些房屋处于业主自住状态、哪些是出租状态、哪些是空置状态、哪些是装修阶段等，方便物业管理人员通过房屋资产状态就能实时查看当前房屋状态，提高了物业管理人员工作效率。

3. 设备设施管理

将设施设备说明书、设备维保手册等资料与 BIM 构件关联，实现维修保养信息的有序存储和快速查询，文档支持多种形式并按专业进行分类存储和管理，提高了作业人员的工作效率。管理建筑物内的所有设备设施（包括隐蔽工程）信息，包含从采购、安装到生产运营、维护管理直至报废的全生命周期的信息。可以通过设置资产编码作为识别码，实现设备设施、模型及文档三者的互动互联。通过扫码查看设备信息及维保状态，提高物业管理及维修人员的工作效率，减少设备故障维修时间、提高设备利用率。

4. 巡检管理

通过系统自动派发巡检任务，根据工作流程自动给相关人员推送巡检消息，并进行过程留痕，可为物业管理人员制定更合理的巡检保养计划及维修政策，能够预设巡检路线、制订工作计划，使物业巡检人员的工作更加井序有然、高效便捷。

5. 维修管理

根据维修工作流自动推送消息任务，所有操作过程留痕，可以从不同的角度对维修信息进行查询。此外，此模块可针对不同条件进行数据统计，辅助物业管理人员从不同维度对维修工作进行统计分析，提高维修人员之间信息传递的效率和准确度，降低沟通成本，提高管理人员的工作效率。

6. 保养管理

设置保养工作流自动推送消息任务，所有操作过程留痕，从不同的角度对保养信息进行查询。同时通过日常的保养延长设备使用寿命，间接减少物业使用成本，降低设备故障率，确保设备正常运行。

7. 能耗管理

通过查询监测传感设备的实时及历史数据，可以统计不同的能耗项目或者不同的系统数据，根据往期数据跟当前数据进行同比或者环比分析，直观快速反应设备状态，为物业管理减少了能源系统运行管理成本，优化了能源管理流程，使物业管理人员实时了解能源需求和消耗状态，使物业能源管理达到一个新的水平。

8. 监测管理

可对项目运维阶段接入的所有硬件系统进行可视化集中管理。宏观上监测各个接入子系统、各种监测器运行情况，实时推送报警信息，能够简单方便地了解某一个监测项或者监测点的详细信息，包括点位监测器本身的信息，以及实时的监测数据等信息。提升了物业管理人员统计分析效率，提高了物业管理人员对监控数据掌握的完整性和实时性。

9. 资产管理

物业管理人员对业主的房产基本信息（房间类型、房间号、建筑面积、交房时间、装修时间、建筑附近等）进行录入，解决了其统计小区房屋资产信息困难的问题，同时便于查询房屋资产信息。通过完善房屋资产信息，可准确掌握业主及租户房屋信息各方面情况，还可查看房间建筑附件平面图、户型图等。

10. 指挥中心大屏

可视化大屏系统的重中之重在于数据融合，最大限度地挖掘数据背后的价值。数据类型包括视频监控数据、地理信息数据、统计报表数据等不同数据格式，充分整合在一个可视化大屏系统上进行可视化并行分析，可为物业管理人员决策提供全面客观的数据支持，提高管理者决策的能力和效率。

11. 人员管理

人员管理分为企业职员和业主两部分，可录入或批量导入项目所有工作人员和业主的基础信息，通过移动端扫描人员二维码查看这些信息。系统按照组织架构对企业职员进行分类，区分权限对业主信息进行查看和管理。通过配置业主信息，方便物业企业对业主信息进行管理，遇到紧急事件等情况可以第一时间联系到业主，同时方便业主在平台上报事报修，为住户提供更为优质的服务，全面提高居住者生活质量。

12. 实时监控

通过接入园区内摄像头数据，实现画面实时显示，利于查看园区重点部位的实时动态，方便管理人员及时发现突发情况，提高整个小区的安全性。

13. 应急管理

主要包括应急预案、法律法规、应急演练、应急事件等内容。预案和法律法规支持上传和在线、下载阅览，应急事件主要针对紧急事件进行记录与统计分析，使小区住户在发生突发公共事件时，能做好应对突发公共事件的思想准备、预案准备、组织准备以及物资准备等，最大限度地避免和减少突发公共事件造成的人员和财产损失。

14. 太阳能子系统

通过对山青苑项目中的集中式太阳能进行智能化改造升级，将传感数据接入山青苑智慧住区光纤专网后，使其具备数据远传功能。由 BIM 平台采集集中式太阳能各个重点部位的温度、压力等数据，并在 BIM 平台网页端的指挥中心大屏统一展示，得到太阳能系统的实时状态数据。物业工作人员通过指挥中心大屏，随时随查询每部集中式太阳能的工作状态，全面了解对其状态，同时可减少太阳能巡检次数，提高工程人员工作效率。在此基础上，通过对已有基础数据进行比对分析、逻辑判定，降低集中式太阳能故障率，还可以分析判断每部集中式太阳能的制热能力、循环水消耗、用户耗能、温差过高报警等多项问题。

15. 一氧化碳检测系统与地下排烟系统联动

通过对山青苑项目中的一氧化碳检测系统与地下排烟系统进行智能化改造升级，打破原有系统壁垒，实现信号共享。当地下车库某处一氧化碳探测设备报警，BIM 平台会显示报警信息，并在模型中显示报警具体位置。与此同时，一氧化碳检测系统会与附近的排烟设备进行联动，迅速开启排烟模式，将危险降至最低状态。

16. 备品备件管理

可批量管理仓库中各备品备件的类型、所属仓库、消耗以及库存数量。可对备品备件的购入和消耗做记录，按照不同维度，进行数据统计分析，使备品备件按照更合理的数量和周期进行配备。

17. 山青苑智慧住区光纤专网

根据山青苑面积、地形等具体情况，本项目使用光纤作为智慧住区数据传输的主要手段。在保障数据传输稳定、畅通的同时，预留出部分光纤传输容量，以应对后期添加传感设备的需求。

3.2 综合信息服务平台

本综合信息服务平台管理和调度各类服务资源与智能化应用系统，通过标准接口实现与第三方平台的数据采集与共享，集住区物业管理与服务、便民服务、商业服务及生活资讯等于一体，实现用户一站式服务，是一个体系分层、接入多样、轻量型、服务功能模块化的平台，如图 4 所示。

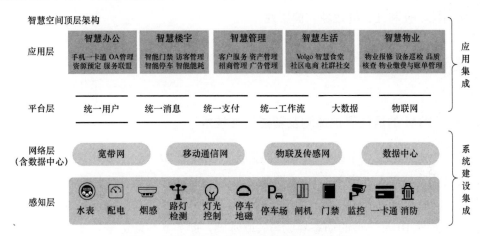

图 4　综合信息服务平台智慧空间顶层架构

1. 智慧物业

依托综合信息服务平台，实现维修管理、公共秩序维护、房屋信息管理、环境管理等管理信息智能化，提高智慧住区物业管理水平。建立健全智慧住区物业服务保障机制，实现缴费服务、服务质量评价等多种服务的信息化，推进物业服务模式创新，提升物业服务能力。主要应用包括：物业报修、设备巡检、品质核查、物业缴费与账单管理等。

2. 智慧楼宇

设有出入口控制、视频监控、周界防范、电子巡更等安防子系统，为有效应对火灾、非法入侵、自然灾害等突发事件提供应急技术支撑，切实保障居民的人身和财产安全。主要应用包括：电子周界、智能门禁、访客管理、智能停车等。

3. 智慧生活

整合周边商业资源，通过平台为商户提供线上销售渠道，建立商品质量保证机制，推进商务模式创新。综合利用信息化的手段与便民设施，依托智慧住区综合信息服务平台，整合便民服务资源，为居民提供便捷的多样化服务。加强线上、线下社区文化建设，鼓励住区范围内组织开展丰富多彩的饮食、科普、养老、教育等文化活动，成立住区邻里互助组织，积极倡导住区爱心公益活动。主要应用包括：居家养老、便民服务、智慧食堂、社区电商、咖啡茶社、社群社交等。

4. 智慧办公

实现对内部办公设施、文件流转、备品备件采购、事务审批等的统一管理、快速部署和灵活扩展，同时能有效降低能耗及实现随时随地远程移动办公等新型业务需求，提高企业在需求快速变化且存在许多不确定因素的市场环境中保持企业核心竞争力。主要应用包括：手机一卡通、OA 管理、备品备件、服务联盟等。

5. 智能家居

实现家居通信、家居安防与住区综合信息服务平台互联互通，有效提升家居的安全性、实用性、便利性、舒适性、健康性。

4 关键技术

4.1 基于 BIM 的居住建筑监测及智能运维技术

居住建筑通常很少在设计、施工阶段建立 BIM 模型，因此本项目根据施工图设计图纸和物业管理需求，建立了 BIM 模型，为基于 BIM 进行居住建筑监测及智能运维奠定基础。同时，鉴于居住建筑能源损耗监测及设施设备监控数据海量、异构的特点，研究监测数据与 BIM 模型的动态集成与关联基础，服务其智能运维管理过程。针对居住建筑特点，研究建立基于 BIM 的居住建筑监测及智能运维系统，包括可视化组件、应用框架、数据处理以及数据管理等，为系统功能应用提供基础支撑。最后，形成集 PC端（包括物业监控、运行管理、设备管理、资产管理、工况诊断、任务管理、运维管理、安全管理等模块）、监控中心以及移动 App 三位一体的居住建筑智能运维模式，有效实现了物业运行效率和管理水平的提升，进而实现了跨区域、多项目、多业务的信息化组合应用。

4.2 基于物联网的设施设备预警及能源损耗监测技术

根据居住建筑特点，综合考虑当前建筑能源损耗监测、设施设备监控的技术特点和优势，采取先进的物联网技术，对建筑能源消耗进行动态监测、对设施设备运行状态进行实时跟踪，为居住建筑能耗管控、设施设备运行维护提供了有力支撑。通过传感、射频、通信、与云计算、大数据等技术组合，对物业小区的设施设备、环境、人员等对象进行全面感知；数据传输和存储采用华为微波通信模块及华为云服务器，数据就地上传，具备实时监控、预警报警、工况分析、诊断评价等功能，实现物业运行数据、设备状态信息在指挥中心的集中管理和控制。

5 应用价值

本项目作为智慧社区的标杆项目，解决了传统物业管理人员在管理过程中的问题，提高了管理效率、节约了成本，为住户提供了更为优质的服务，全面提高了居住者的生活质量。其中基于 BIM 的居住建筑运行维护智能管理系统的研发，能够实现 BIM 技术全生命周期的应用，对于推动 BIM 技术发展应用、扩大应用范围和领域具有示范和引领作用。

应用基于 BIM 的居住建筑运行维护智能管理系统，具有以下显著经济效益和社会效益：

1）降低了人工成本，减轻物业人员的劳动强度。

2）及时发现和排除设施设备隐患，降低事故处理成本 40%以上。

3）提升了管理效率和服务能力，提升业主 3%～5%的满意度。

4）降低了能源消耗，年节约能源成本 10%。

5）提高了社区治理效率，推动社区治理转型。

智慧社区实现了社区治理中的信息化管理，减少了社区治理的人力物力成本，使居民体验到智能生活服务。通过物联网技术应用，部署门禁、可视对讲、实时监控等智能系统，助力解决了社区消防、安防、出入口控制等关键问题，有效提升了社区的安全管理能力。采用软硬件相结合的建设模式，管理者通过智能终端就可以完成相关事务的办理，实现了便捷化管理。

编　后　记

　　秉承客观公正、科学中立的原则和宗旨，《智慧园区应用与发展》分析了我国智慧园区发展现状和趋势，梳理了智慧园区平台架构和关键技术，全面总结了园区规划、建设、运营管理、设施和服务全过程的智慧化应用，特别提出了"基于数字孪生的智慧园区发展新形态"，提炼了智慧园区代表性应用案例，为园区智慧化建设提供了系统性的理论和实践指导，将推动我国园区智慧、高效、绿色、安全发展。

　　本书适合各级行业主管部门，园区业主方和智慧园区企业等管理、技术人员，园区领域信息化研究人员等阅读。

　　本书由中国测绘学会、中国测绘学会智慧城市工作委员会、清华大学、广联达科技股份有限公司联合行业 60 余家代表性企业共同编写。其中，第 1~3 章由广联达科技股份有限公司主编；第 4 章由清华大学主编；第 5 章由中建三局集团有限公司主编；第 6 章由中冶京诚工程技术有限公司主编；第 7 章由太极计算机股份有限公司主编；第 8 章由深圳左邻永佳科技有限公司主编；第 9 章由同方股份有限公司主编；第 10 章由广州大学主编。

　　感谢以下单位共同参编（按拼音首字母排序）：

　　北京国双科技有限公司，北京鸿业同行科技有限公司，北京清华同衡规划设计研究院有限公司，北京市测绘设计研究院，北京泰豪智能工程有限公司，标信智链（杭州）科技发展有限公司，博锐尚格科技股份有限公司，成都汉康信息产业有限公司，成都武侯高新技术产业发展股份有限公司，成都新创创业孵化器服务有限公司，广州都市圈网络科技有限公司，广州南方测绘科技股份有限公司，广州市增城区城乡规划与测绘地理信息研究院，广州粤建三和软件股份有限公司，杭州海康威视数字技术股份有限公司，杭州叙简科技股份有限公司，河北雄安市民服务中心有限公司，河南大学，华为技术有限公司，南京戎光软件科技有限公司，奇安信科技集团股份有限公司，青岛城市大脑投资开发股份有限公司，青岛城维运营管理有限公司，青岛市勘察测绘研究院，日照市规划设计研究院集团有限公司，山东青年政治学院，上海宾孚数字科技集团有限公司，上海数慧系统技术有限公司，上海顺舟智能科技股份有限公司，上海桐云科技有限公司，上海延华智能科技（集团）股份有限公司，上海禹创工程顾问有限公司，深圳航天智慧城市系统技术研究院有限公司，深圳市查策网络信息技术有限公司，深圳市大鹏新区坝光开发署，深圳市镭神智能系统有限公司，深圳优立全息科技有限公司，松立控股集团股份有限公司，泰华智慧产业集团股份有限公司，腾讯科技（深圳）有限公司，网链科技集团有限公司，雄安中海发展有限公司，浙江大华技术股份有限公司，正元地理信息集团股份有限公司，智慧足迹数据科技有限公司，中国测绘科学研究院，中国地理信息产业协会软件工作委员会，中国建筑科学研究院有限公司，中国建筑西南设计研究院有限公司，中国联合网络通信有限公司深圳市分公司，中建科工集团有限公司，中建三局第一建设工程有限责任公司，中睿信数字技术有限公司，紫光建筑云科技（重庆）有限公司。

在本书编写过程中，广联达科技股份有限公司承担了大量的资料整理、组织协调等工作，在此表示衷心感谢！

由于时间仓促，疏漏之处在所难免，恳请广大读者批评指正。

本书编委会